Fokus

Mathematik

Gymnasium Klasse 5
Bayern

Schulaufgabentrainer

mit Lösungen für Schülerinnen und Schüler

Erarbeitet von
Irmgard Wagner

Verlagsredaktion
Berit Kroschel, Dieter Müller

Grafik
Christian Böhning

Layout und technische Umsetzung
Ralf Franz CMS – Cross Media Solutions GmbH

Umschlagfoto
Getty Images/Thinkstock/Chad Baker

Begleitmaterialien zum Schülerbuch	978-3-06-041484-0
• Lösungen Klasse 5	978-3-06-041054-5
• Intensivierungsheft mit Lösungen Klasse 5	978-3-06-041509-0
• Intensivierungsheft mit interaktiven Übungen Klasse 5	978-3-06-041550-2
• Interaktive Übungen zum Intensivierungsheft Klasse 5	978-3-06-041552-6
• Schulaufgabentrainer Klasse 5	978-3-06-041489-5

www.cornelsen.de

1. Auflage, 1. Druck 2017

Alle Drucke dieser Auflage sind inhaltlich unverändert
und können im Unterricht nebeneinander verwendet werden.

© 2017 Cornelsen Verlag GmbH, Berlin

Druck: H. Heenemann, Berlin

ISBN 978-3-06-041489-5

PEFC zertifiziert
Dieses Produkt stammt aus nachhaltig
bewirtschafteten Wäldern und kontrollierten
Quellen.
www.pefc.de

PEFC
PEFC/04-31-1156

SCHUL**AUFGABEN**TRAINER

**Fokus Mathematik
Klasse 5
Gymnasium
Bayern**

LÖSUNGEN

Rund um den Unterricht

8 Lernspiele zu Inhalten aus der Grundschule

Kreuzzahlrätsel

Waagerecht		Senkrecht	
1	453	1	40
3	709	2	598
5	76	3	76
6	8778	4	67
10	8913	5	798
13	88	7	79
14	987	8	888
16	159	9	11
11	93		
12	395		
13	87		
15	89		

Puzzle zur Addition

L		U		S
873 + 149	418 + 241		363 + 638	
1022	659		1001	
491 + 607	342 + 178		484 + 257	
1098	520		741	
852 + 412	167 + 491		299 + 388	
1264	658		687	
777 + 245	681 + 128		312 + 689	
1022	809		1001	
965 + 168	244 + 198		975 + 235	
1133	442		1210	
591 + 118	277 + 722		171 + 640	
709	999		811	
587 + 215	709 + 298		833 + 175	
802	1007		1008	
198 + 449	487 + 474		321 + 399	
657	961		720	
P				

Hast Du den Fehler gefunden? Im Quadrat von Zeile 3 und Spalte 1 muss statt 657 das Ergebnis 198 + 449 = 647 sein.

Kreuzzahlrätsel zu Multiplikation und Division

Waagerecht		Senkrecht	
2	161	1	1681
4	13 812	2	13
6	18	3	11
7	94	4	18 018
9	7900	5	29 169
10	5100	6	196
11	61	8	405
13	65	12	4 005
14	89 019	15	99
17	908	16	18

Finde das Sprichwort

Hast Du das Sprichwort des „Lernspiels" von Seite 12 gefunden? Wenn ja, kannst Du diese bis Ende Dezember der Autorin zusenden (Irmgard Wagner, Zelger Berg 13, 84539 Zangberg), damit an einer Auslosung teilnehmen und einen kleinen Preis gewinnen. Jeder der zusätzlich seine E-Mail-Adresse angibt, erhält eine Antwort.

Erste Schulaufgabe

16 Beispiel A – Teil 1

1 *Thema: Veranschaulichen natürlicher Zahlen am Zahlenstrahl und Ordnen*

$4 < 12 < 28 < 36 < 52 < 72 < 128 < 140 < 152 < 184 < 200 < 208$

2 *Thema: Zahlen im Dezimalsystem*

a) vierzig Billionen vier Milliarden vierhundertvier Millionen vierzigtausendvier
= 4 ZB 4 Md 4 HM 4 M 4 ZT 4 E

b) $2\,000\,300\,033\,002 = 2 \cdot 10^{12} + 3 \cdot 10^{8} + 3 \cdot 10^{4} + 3 \cdot 10^{3} + 2 \cdot 10^{0}$

3 *Thema: Runden von natürlichen Zahlen*

$407\,690 \approx 408\,000 \approx 408 \cdot 10^{3}$
Udo hat auf Zehntausender statt auf Tausender gerundet.

$30\,467\,805 \approx 30$ Millionen
Udo hat aufgerundet, obwohl die erste weggelassene Ziffer eine 4 ist. Hier muss man abrunden.

$196\,991 \approx 200\,000$
Udo hat abgerundet, obwohl die erste weggelassene Ziffer eine 6 ist. Hier muss man aufrunden.

4 *Thema: Die ganzen Zahlen an der Zahlengeraden*

a) Die ganzen Zahlen enthalten alle natürlichen Zahlen, die Null und alle negativen ganzen Zahlen (Gegenzahlen der natürlichen Zahlen), die man durch Spiegelung der natürlichen Zahlen an der Null erhält.

b)

$-4 = -(+4)$

$-(-5) = 5 = |-5|$

$|+4| = 4$

c) $-110 < -101 < -(-1) < 10 < 11$

18 Beispiel A – Teil 2

1 *Thema: Die ganzen Zahlen*

a) B 1 ist die kleinste natürliche Zahl.   B $(+2) - (-2) = 4 > 0$

A -1 liegt am weitesten rechts auf der Zahlengeraden   A -999

b) Geht man gleich viele Einheiten von -27 und 35 aus aufeinander zu, so kommt man nach 31 Einheiten in der Mitte zur Zahl 4.   Alternative: $(-27 + 35) : 2 = 4$

c) -39 und 9 sind auf der Zahlengeraden von -15 genau 24 Einheiten entfernt.

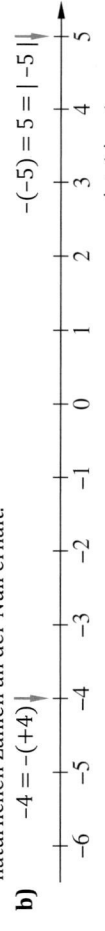

2 *Thema: Natürliche Zahlen addieren und subtrahieren*

a) $2 + 333 + 162 + 438 + 667 + 98$

$= (2 + 98) + (333 + 667) + (162 + 438)$

$= 100 + 1000 + 600 = 1700$

Luisa hat das Kommutativgesetz und das Assoziativgesetz verwendet.

b)

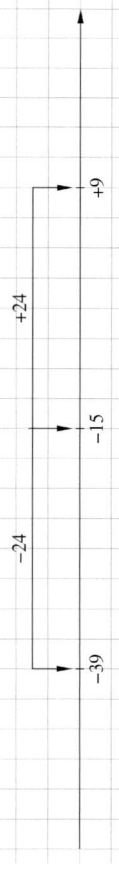

Mögliche Überschlagsrechnung: $(2\,300 + 8\,800) - (10\,800 - 300)$

$= 11100 - 10500 = 600$

Rechnung: $(2\,347 + 8\,765) - (10\,807 - 305)$

$= 11112 - 10502 = 610$

c) Im vorliegenden Term ist der Subtrahend um 305 kleiner als 10807. Wenn alle Klammern fehlen, wird von der Summe aus 2347 und 8765 somit zunächst 305 mehr als bisher subtrahiert. Subtrahiert man dann vom neuen Ergebnis noch einmal 305, ist das Endergebnis um 610 kleiner als das ursprüngliche. Felix hat also Recht.

20 Beispiel B

1 *Thema: Veranschaulichen natürlicher Zahlen am Zahlenstrahl*

a) A: 2000   B: 2050   C: 2060   D: 2105   E: 2120

b)

490   496   504   510   512   517

Als Einheit kann man z. B. ein Kästchen wählen.

2 *Thema: Darstellen von natürlichen Zahlen im Dezimalsystem*

a) Zahl: 14 000 604 000 000 202

Vorgänger: 14 000 604 000 000 201

b) Zahl: 6 000 507 000

Vorgänger: 6 000 506 999

3 *Thema: Runden von natürlichen Zahlen*

Liebe Helene,

22.750.000.000.000 Liter sind 22 Billionen 750 Milliarden Liter. 22 Milliarden Liter sind weniger als der tausendste Teil der angegebenen Menge. Wenn du auf Billionen rundest, musst du aufrunden und du erhältst 23 Billionen Liter.

4 *Thema: Betrag einer ganzen Zahl*

a) $-1 \in \mathbb{Z}$ $0 \notin \mathbb{N}$ $-4 \notin \mathbb{N}$ $3 \in \mathbb{N}$

b) Negative Zahlen eignen sich gut zur Beschreibung alltäglicher Sachverhalte, weil z. B. Temperaturen unter null als Minusgrade, Tiefen unterhalb des Meeresspiegels als negative Größen oder Fehlbestände auf einem Geldkonto als Schulden angegeben werden können.

c) Carla hat nicht Recht, denn der Betrag der Zahl Null und der Betrag einer jeden positiven Zahl ist genauso groß wie die Zahl selbst. Ihre Aussage gilt nur für die negativen ganzen Zahlen. Gabriel hat somit Recht, weil es unendlich viele natürliche Zahlen gibt, für die Carlas Aussage falsch ist.

5 *Thema: Addieren und subtrahieren natürlicher Zahlen*

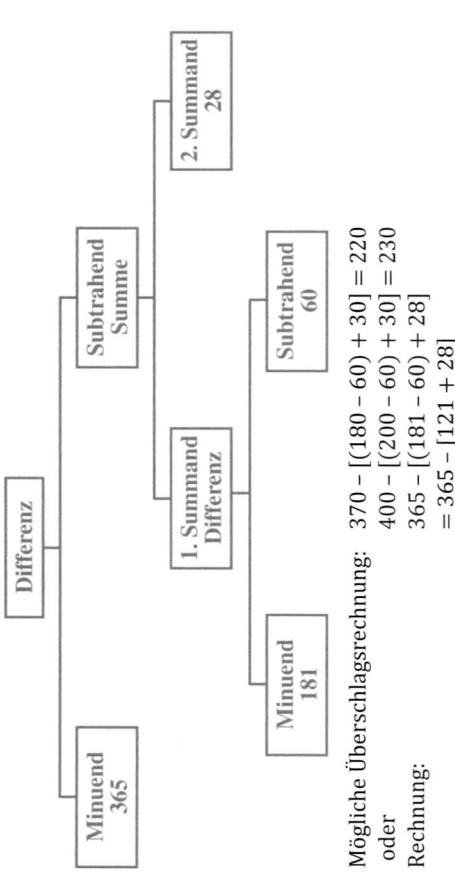

| Minuend 365 | Differenz | Subtrahend Summe | 2. Summand 28 |
| Minuend 181 | 1. Summand Differenz | Subtrahend 60 | |

Mögliche Überschlagsrechnung: $370 - [(180 - 60) + 30] = 220$
oder $400 - [(200 - 60) + 30] = 230$
Rechnung: $365 - [(181 - 60) + 28]$
$= 365 - [121 + 28]$
$= 365 - 149 = 216$

22 Beispiel C

1 *Thema: Veranschaulichen natürlicher Zahlen am Zahlenstrahl*

a)

Ein Zentimeter entsprechen 50 Jahre. Die Zahl 1750 ist 35 cm von der Null entfernt.

b) $2 \cdot 10^7 + 5 \cdot 10^5 = 20\,500\,000$ $25 \cdot 10^6 = 25\,000\,000$
$2\,200\,500\,000 > 25 \cdot 10^6 > 2 \cdot 10^7 + 5 \cdot 10^5 \geq 20\,500\,000$

2 *Thema: Die ganzen Zahlen*

a) Der Betrag einer ganzen Zahl ist eine nicht negative Zahl, die angibt, wie weit die Zahl von Null entfernt ist.

b) -97

c) -543

3 *Thema: Natürliche Zahlen addieren und subtrahieren*

a) $7354 - 2856 + 646 - 1073 - 144$
$= (7354 + 646) - (2856 + 1073 + 144)$
$= 8000 - 4073 = 3927$
Rechenregel: Subtrahiere die Summe der Minusglieder von der Summe der Plusglieder.

b) Die angebotenen Ergebnisse unterscheiden sich nur in den Hunderttausendern.
Alle Summanden sollten also auf Zehntausender gerundet werden.
Passende Überschlagsrechnung: $780\,000 + 610\,000 + 820\,000 = 2\,210\,000$
Also muss Antwort B richtig sein.

c) Zahl: $4 \cdot 10^{10} + 2 \cdot 10^8 + 3 \cdot 10^3$
$= 40\,200\,003\,000$
Vorgänger: $40\,200\,002\,999$
$400\,000\,000\,000 - 40\,200\,002\,999 = 359\,799\,997\,001$
400 Milliarden ist um $359\,799\,997\,001$ größer als der Vorgänger von $4 \cdot 10^{10} + 2 \cdot 10^8 + 3 \cdot 10^3$.

24 Beispiel D

1 *Thema: Veranschaulichen natürlicher Zahlen am Zahlenstrahl*

a)

| 495 | 498 | 500 | 504 | 511 | 517 | 519 |

b) $519 - 495 = 24$
Sind also die Zahlen 495 und 519 auf dem Zahlenstrahl 12 cm voneinander entfernt, so muss als Einheit ein Kästchen (ein halber Zentimeter) gewählt werden.
Weil $519 - 498 = 21$ ist, sind diese beiden Zahlen 21 Kästchen voneinander entfernt.
Die Mitte davon ist aber auch die Mitte eines Kästchens, wo keine natürliche Zahl eingetragen werden kann.
Amelie hat demzufolge Recht.

2 *Thema: Die ganzen Zahlen*

a) $-(-502) > +305 > 0 > -1 > -305 > -503$

b) „-14 ist um 28 kleiner als 14."   „-13 ist um 108 größer als -121."

c) Gegenbeispiel: -2 ist Gegenzahl von $+2$ und kleiner als $+2$. Die Aussage ist somit falsch.

3 *Thema: Natürliche Zahlen addieren und subtrahieren*

a) Subtrahiere die Summe aus zweihundertsiebzehn und siebenhundert Millionen von der Summe aus siebenhundert Millionen und der Zahl zwanzig Millionen.

b) 8,28 Billionen = 8280 Milliarden
22750 Milliarden - 8280 Milliarden = 14470 Milliarden = 14,47 Billionen
Es fielen 14,47 Billionen Liter Regen in den restlichen Bundesländern.

4 *Thema: Vorteilhaftes Rechnen*

a) Es wurde zuerst $78 - 28$ gerechnet und dabei das Assoziativgesetz angewendet, das in Differenzen nicht erlaubt ist.
Statt $704 - 50 = 654$ wurde $704 - 500 = 204$ angegeben.
Richtige Rechnung: $704 - 78 - 28$
$= 704 - (78 + 28)$
$= 704 - 106 = 598$

b) $70503 - 2025 - 7053 + 497 - 947 - 75$
$= (70503 + 497) - (2025 + 7053 + 947 + 75)$
$= 71000 - 10100 = 60900$

Zweite Schulaufgabe

28 Beispiel A – Teil 1

1 *Thema: Ganze Zahlen addieren und subtrahieren*

a) Beispiel: Hans hat 3 € Schulden und macht weitere 5 € Schulden.
Insgesamt hat er danach 8 € Schulden. Also ist $(-3) + (-5) = -8$.
Allgemein: Zahlen mit gleichem Vorzeichen werden addiert, indem man die Beträge der Zahlen addiert und der Summe das gemeinsame Vorzeichen der Summanden gibt.

b) $[37 - (-63)] - [-11 + (-89)]$
$= [37 + 63] - (-100)$
$= 100 + 100 = 200$

c) Überschlagsrechnung: $\quad (31 + 96) - [81 - (83 + 146)] \approx (130) - [-140] = 270$
$\qquad$ Antwort C

$\quad$ Rechnung: $\qquad (31 + 96) - [81 - (83 + 146)] = 127 - [81 - 229]$
$\qquad\qquad\qquad = 127 - [-148] = 127 + 148 = 275$

3 *Thema: Begründen und Argumentieren*

a) I. $\;$ Das Ergebnis muss negativ sein, da die Summe zweier negativer Zahlen negativ ist.
II. $\;$ Das Ergebnis muss positiv sein, weil die (positive) Gegenzahl von −675, die addiert wird, weiter von der Null entfernt ist als −355.
III. Das Ergebnis muss positiv sein, weil die Gegenzahl von −675 zu 1 325 addiert wird.

b) Der Wert des Terms ist um 2 kleiner.
Begründung: Der Wert des Subtrahenden $754\,997 - 2 \cdot 10^5$ bleibt gleich, weil Minuend und Subtrahend gleichzeitig um 2 verringert werden. Der Wert des Minuenden 10^6 wird allerdings um 2 kleiner, sodass der Wert des Terms insgesamt um 2 kleiner wird.

30 Beispiel A – Teil 2

a) $\underline{18 + (-32)} = -14 \qquad$ denn $-14 - (-32) = -14 + 32 = 18$
$\;-32 - \underline{(-47)} = 15 \qquad$ weil $-(15 + 32) = -47$
$\;\;33 + \underline{(-51)} = -18 \qquad$ denn $-18 - 33 = -51$
$\;\underline{-22} - 67 = -89 \qquad$ wegen $-89 + 67 = -22$

b) $[4 + (-703)] - [(-304) - 22]$

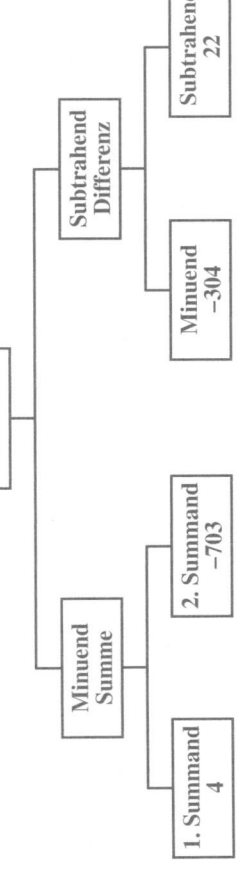

2 *Thema: Zeichnen im Koordinatensystem*

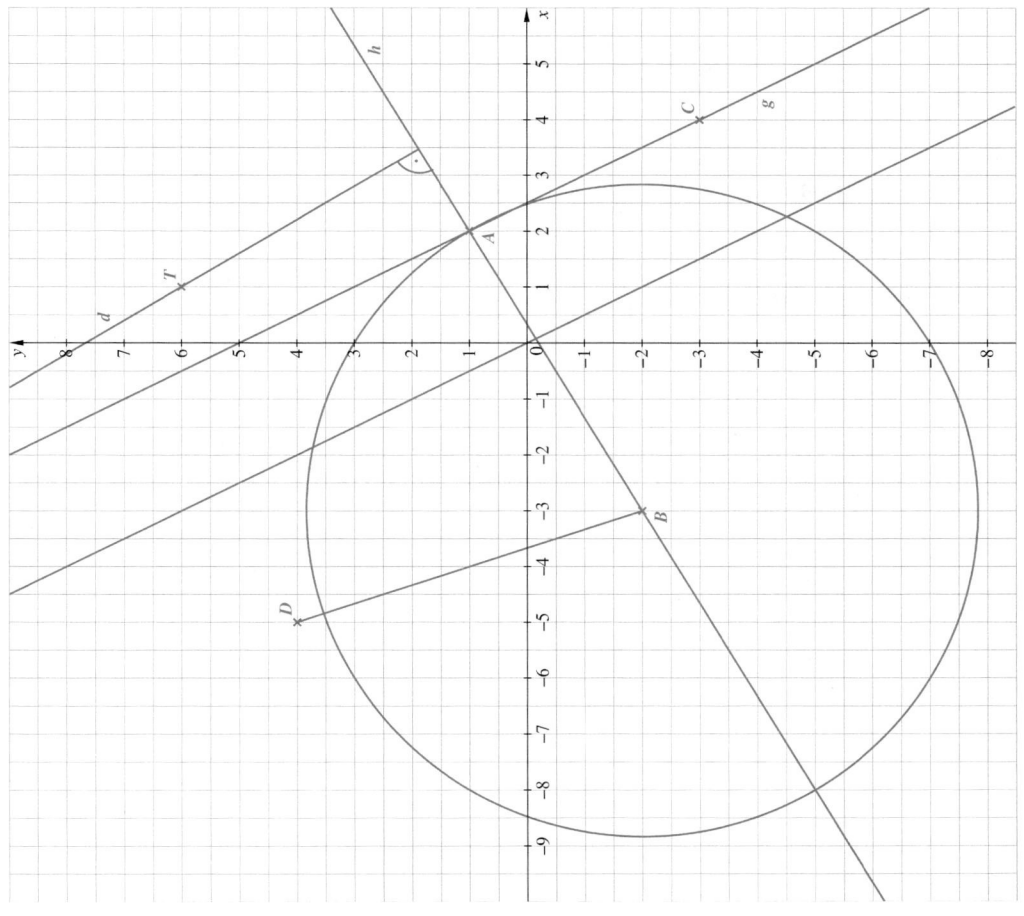

a) Zeichnung siehe oben; $E(0 \mid 5)$ ist Schnittpunkt von g mit der y-Achse.
b) Zeichnung siehe oben; $d \approx 4{,}8$ cm
c) Zeichnung siehe oben
d) Die Gerade $g = AB$ hat mit dem Kreis um B den Punkt A gemeinsam. Die Halbgerade $h = [BA$ und die Gerade durch den Punkt T sind senkrecht zueinander. Wenn g eine Tangente des Kreises um B wäre, müsste g auch senkrecht zu h und somit parallel zur Geraden durch T sein. Das ist aber nicht der Fall.

32 Beispiel B

1 *Thema: Gleichungen*

a) Wert des Platzhalters: 336   1 889   1170

b) Bei den Aufgaben in a) muss der Platzhalter stets positiv sein, weil das Ergebnis der Addition bzw. Subtraktion auf der linken Seite der Gleichung zu einem positiven Wert der Summe bzw. Differenz führt. Der Platzhalter in b) muss negativ sein, denn der 1. Summand auf der linken Seite der Gleichung ist größer als der Wert der Summe auf der rechten Seite.

Wert des Platzhalters: –568

2 *Thema: Ganze Zahlen addieren und subtrahieren*

a) $714 - 27 - 415 + 23 + 86 - 585$
$= (714 + 23 + 86) - (27 + 415 + 585)$
$= 823 - 1027 = -204$

b) $[2 - (-(-477))] + [37 + (-214)]$
$= -475 - 177 = -652$

3 *Thema: Zeichnen im Koordinatensystem*

a) siehe Zeichnung rechts

b) $P(0|-6)$ und $d(C; g) \approx 1{,}4$ cm, das heißt, der Abstand von C und g beträgt etwa 1,4 cm.

c) Zeichnung der Parallelogramme $ADCB$ und $ACEB$ siehe rechts

Beide Parallelogramme besitzen keine Symmetrieachse: Wenn ein Parallelogramm eine Symmetrieachse besitzen würde, dann wäre es ein Rechteck, eine Raute oder ein Quadrat. Das ist hier nicht der Fall.

d) Zeichnung des Kreises um C durch B siehe rechts; der Durchmesser des Kreises beträgt $2 \cdot r \approx 2 \cdot 2{,}2$ cm $= 4{,}4$ cm.

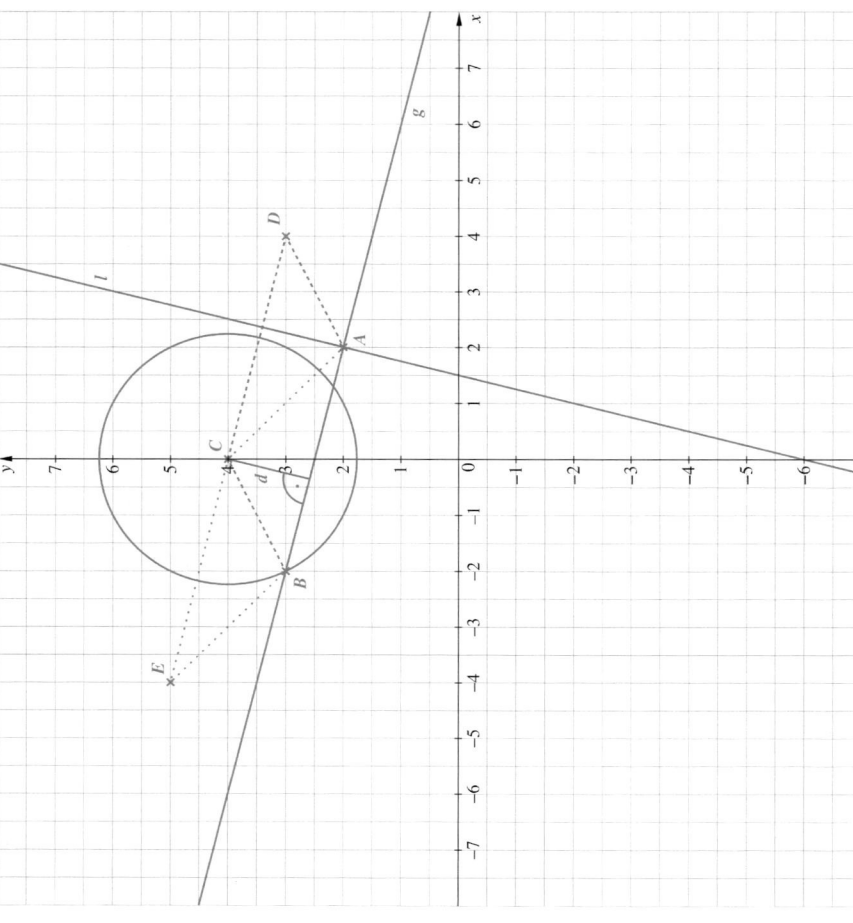

34 Beispiel C

1 *Thema: Ganze Zahlen addieren und subtrahieren*

a) $35 + (-55) - 60 - (-80) = 0$
oder $60 + (-80) - 35 - (-55) = 0$
Andere Reihenfolgen sind ebenfalls möglich.

b) $-41 + (-40) + (-39) = -120$
Die drei aufeinanderfolgenden Zahlen sind $-41, -40$ und -39.
So kannst du Vorgehen: Der Wert der Summe ist negativ, also kommen nur negative ganze Zahlen in Betracht. Weil die Zahlen aufeinander folgen sollen, ist $-120 : 3 = -40$ der mittlere Wert von ihnen. Der Vorgänger und der Nachfolger heißen somit -39 und -41.

c) $711 + [436 - [218 - (-654)]] - 813$
$= 711 + [436 - (654 - 218] - 813$
$= 711 + [436 - 436] - 813$
$= 711 - 813 = -102$

2 *Thema: Begründen und Argumentieren*

a) I. Die Summe negativer Zahlen ist negativ.

II. -587 ist weiter von der Null entfernt als -457.
Subtrahiert man -587, wird die Gegenzahl 587 zu -457 addiert.
Das Ergebnis der Differenz ist deshalb positiv.

b) $(-2) + (-4) = -6$
Der Wert der Summe ist kleiner als jeder der beiden Summanden.
Bei der Addition einer negativen Zahl geht man auf der Zahlengeraden nach links.

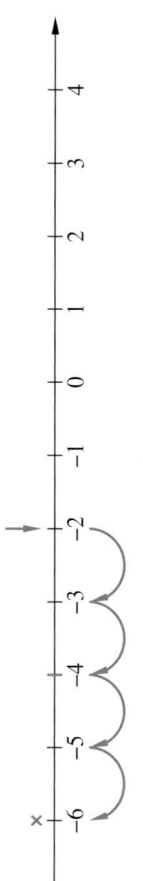

Zweite Schulaufgabe

4 *Thema: Zeichnen im Koordinatensystem*

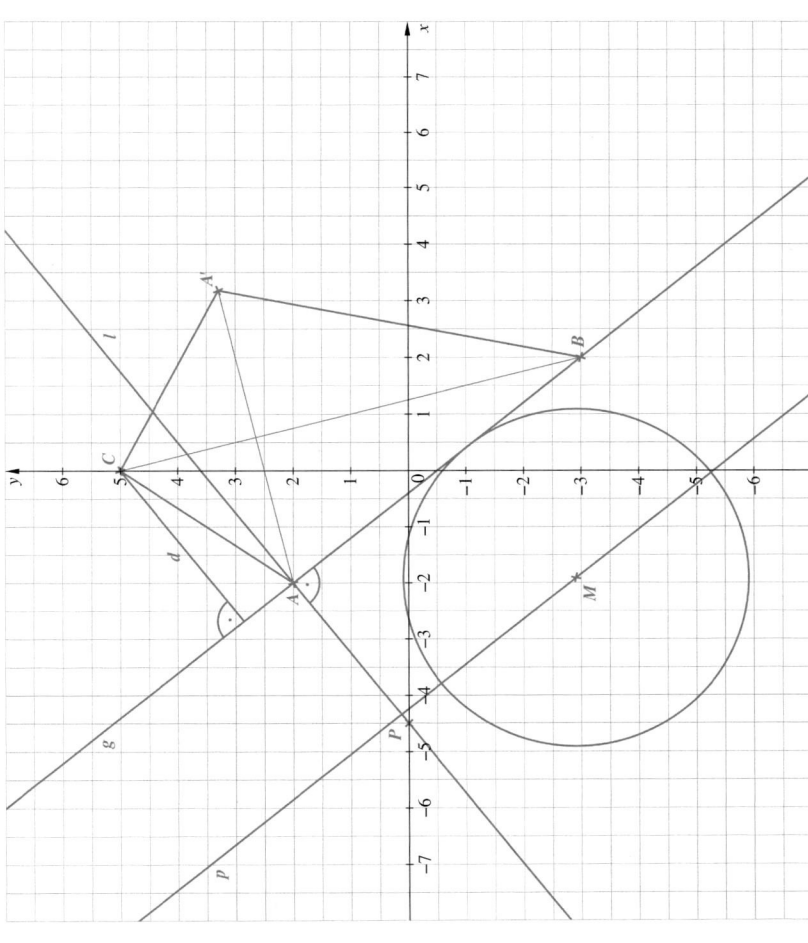

a) $P(-4{,}5 \mid 0)$ $d \approx 3{,}4$ cm, das heißt, der Abstand von C und g beträgt etwa 3,4 cm.

b) So kannst du vorgehen: Zeichne die Strecke mit den Endpunkten B und C. Sie ist die Symmetrieachse des Drachenvierecks. Durch Spiegelung des Punktes A an ihr erhältst du den vierten Eckpunkt A'. Verbinde schließlich jeweils die Punkte A und C, A' und C sowie A' und B miteinander.

c) Zeichnung von p siehe Zeichnung rechts

d) Zeichnung des Kreises k um M auf p siehe Zeichnung rechts
Jeder Punkt auf der Geraden p kann Mittelpunkt des Kreises sein, der die Gerade g als Tangente besitzt. Der Radius des Kreises ist 3 cm, weil die Geraden p und g zueinander parallel sind und der senkrechte Abstand 3 cm zu beiden Geraden 3 cm ist.

---

36 **Beispiel D**

1 *Thema: Ganze Zahlen addieren und subtrahieren*

a) $-3004 + [2007 + (-3070)] - (-3040)$
$= -3004 + (-1063) + 3040$
$= -(4067 - 3040) = -1027$

b) $[(-43) - 3998] - [(-17) + 53)]$
Der Wert des Terms kann nicht positiv sein, da der Minuend als Differenz aus zwei negativen Zahlen sicher negativ und vierstellig ist. Der Subtrahend ist sicher positiv und zweistellig. Beim Subtrahieren wird das Vorzeichen des Wertes der Differenz durch den Minuenden bestimmt, weil sein Betrag größer ist.

c) $8 - 14 + 6 + (-12) = -12$

2 *Thema: Zeichnen im Koordinatensystem*

a) Zeichnung siehe folgende Seite

b) Zeichnung siehe folgende Seite
Die beiden Kreise schneiden sich in $S_1(0 \mid 5)$ und in $S_2(0 \mid 1)$.

c) Zeichnung siehe folgende Seite
Man erhält ein weiteres Rechteck, wenn man das Lot von A auf die x-Achse fällt (man erhält Q). Der Schnittpunkt der Lote in Q auf AQ sowie C auf AC ist die vierte Ecke P.

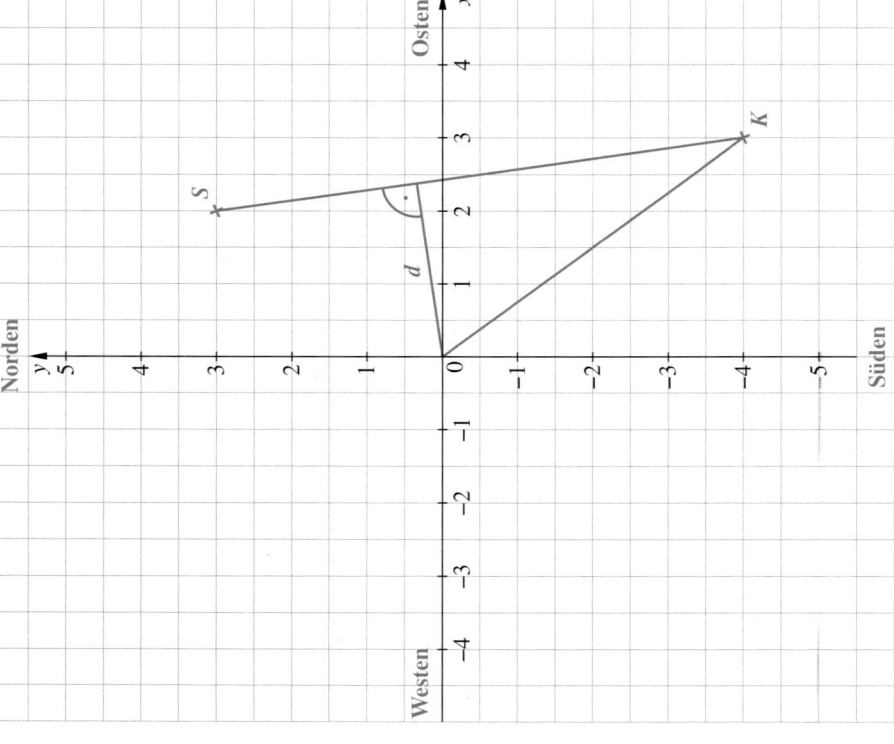

3 *Thema: Zeichnen im Koordinatensystem*

a) Zeichnung siehe rechts

b) Die Koordinaten der Karawane sind $K(3 \mid -4)$. Sie ist 5 km von der Oase entfernt.

c) Der kürzeste Abstand d der Oase zum Weg der Karawane ist etwa 2,5 km.

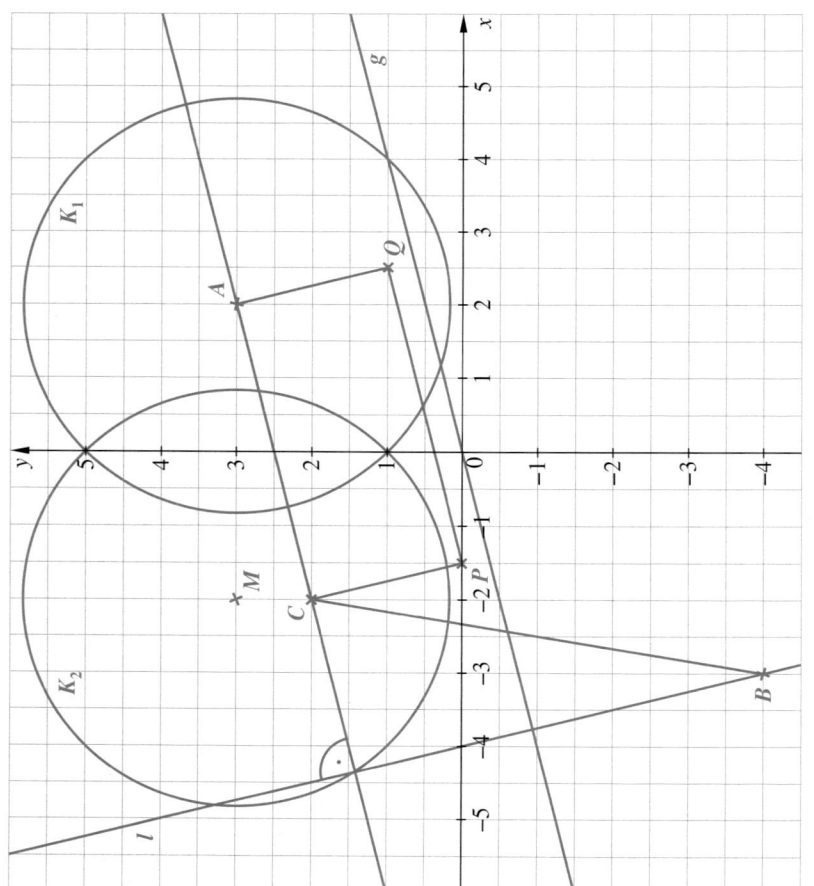

4 *Thema: Vierecke*

a) Die Aussage ist falsch: Ein Quadrat oder eine Raute ist ein Parallelogramm und gleichzeitig ein Drachenviereck.

b) Die Aussage ist falsch: Im Drachenviereck kann der Winkel, der die beiden kürzeren Seiten einschließt, ein rechter Winkel sein, ohne dass das Drachenviereck ein Quadrat ist.

Dritte Schulaufgabe

40 Beispiel A – Teil 1

1 *Thema: Winkel zeichnen und messen*

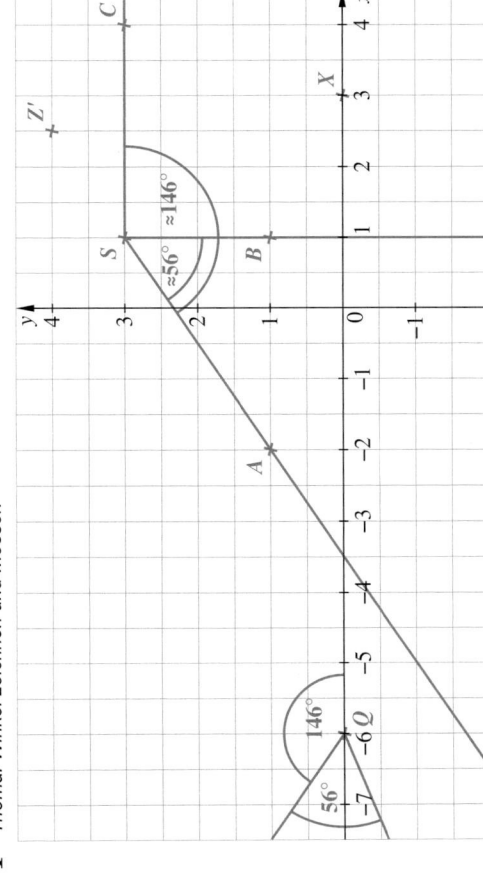

a) α ist ein stumpfer Winkel, $\alpha \approx 146°$. β ist ein spitzer Winkel, $\beta \approx 56°$.

b) Solche Punkte sind zum Beispiel $X(3\,|\,0)$ oder $X'(5\,|\,-3)$ und $Z(4\,|\,5)$ oder $Z'(2,5\,|\,4)$.

c) Z. B. ist $\sphericalangle PQR$ etwa so groß wie α, $\sphericalangle RQT$ so groß wie β, $\sphericalangle PQT$ ist so groß wie $\alpha + \beta$.

2 *Thema: Natürliche Zahlen multiplizieren und dividieren*

a) Ines hat Recht, weil Hans den Dividenden aufrundet und den Divisor abrundet und somit den Quotient beides Mal vergrößert.

Eine einfache und genauere Überschlagsrechnung ist $78\,000 : 300 = 260$.

b) Die Umkehraufgabe zu der Aufgabe von Hans ist $254 \cdot 305 = 77\,470$.

$$\underline{254 \cdot 305}$$
$$762$$
$$\underline{1270}$$
$$77470$$

Der Quotient ist mit 305 richtig angegeben.

3 *Thema: Natürliche Zahlen in Faktoren zerlegen*

a) $24 = 1 \cdot 24 = 2 \cdot 12 = 3 \cdot 8 = 4 \cdot 6$ $17 = 1 \cdot 17$

b) $348 = 2 \cdot 2 \cdot 3 \cdot 29$

42 Beispiel A – Teil 2

1 *Thema: Ganze Zahlen multiplizieren*

a) $18 \cdot 208$
$$= (20 - 2) \cdot (200 + 8)$$
$$= 20 \cdot 200 + 20 \cdot 8 - 2 \cdot 200 - 2 \cdot 8$$
$$= 4\,000 + 160 - 400 - 16$$
$$= 4\,000 - 400 + 160 - 16$$
$$= 3\,600 + 144$$
$$= 3\,744$$
$$-18 \cdot 208 = -3\,744$$
$$(-18) \cdot (-208) = 3\,744$$

b) Helga setzt $4 \cdot 52$ für 208 in die obige Rechnung ein:
$3\,744 = 18 \cdot 208 = 18 \cdot 4 \cdot 52 = 18 \cdot 2 \cdot 2 \cdot 52 = 2 \cdot 36 \cdot 52$
Sie erhält somit $36 \cdot 52 = 3\,744 : 2 = 1\,872$.

2 *Thema: Natürliche Zahlen dividieren*

a) $144912 : 24 = 6038$

$$\underline{144}$$
$$09$$
$$\underline{0}$$
$$91$$
$$\underline{72}$$
$$192$$
$$\underline{192}$$
$$0$$

b) $412500 : 50 = 8250$ $6250 : 50 = 125$ $8250 : 125 = 66$

ebenso wie $412500 : 6250 = 66$ Gretas Idee ist also richtig.

Weitere Quotienten mit demselben Wert sind z. B.

$330 : 5$ (Dividend und Divisor wurden durch 1250 dividiert)   oder

$206250 : 3125$ (hier wurden Dividend und Divisor durch 2 dividiert).

3 *Thema: Rechengesetze*

a) Z. B. wird eine Differenz mit einer Zahl multipliziert, indem man Minuend und Subtrahend mit der Zahl multipliziert und diese Teilprodukte voneinander subtrahiert.

b) Mit Hilfe des Distributivgesetzes kann man den Faktor 43 ausklammern, wenn zuvor im Produkt $43 \cdot 96$ das Kommutativgesetz angewendet wird.
$204 \cdot 43 + 43 \cdot 96 = 204 \cdot 43 + 96 \cdot 43 = (204 + 96) \cdot 43 = 300 \cdot 43 = 12\,900$

4 *Thema: Systematisches Zählen*

a) Benjamin kann sich auf
$4 \cdot 2 \cdot 3 = 24$
verschiedene Arten verkleiden.

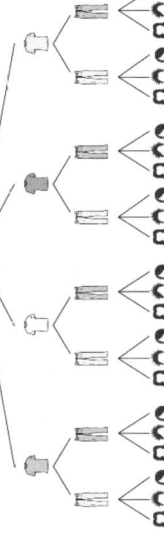

b) Nach dem Zählprinzip kann Benjamin bei jeder der 24 Kombinationen aus Teilaufgabe a) zwei verschiedene Paare Schuhe anziehen.
Er hat deshalb 4 · 2 · 3 · 2 = 48 Möglichkeiten sich anzukleiden.

44 Beispiel B

1 *Thema: Potenzen*

a) Eine Potenz ist ein Produkt von gleichen Faktoren. Der Faktor wird *Basis* genannt und die Anzahl der Faktoren *Exponent*. Z. B. ist $2^4 = 2 \cdot 2 \cdot 2 \cdot 2 = 16$. Die Basis ist hier 2 und der Exponent 4.

b) Hannah meint, dass sich bei Potenzen Basis und Exponent vertauschen lassen, ohne dass sich der Wert der Potenz ändert.
Hannahs Vermutung ist nicht richtig. Hier ein Gegenbeispiel: $2^3 = 8$, aber $3^2 = 9$.

2 *Thema: Ganze Zahlen multiplizieren*

$322 \cdot (-323)$ ist nicht das Produkt, weil die Endziffer auf 6 enden muss.
$322 \cdot 0 \cdot (-321)$ ist nicht das Produkt, weil ein Faktor 0 und damit das Ergebnis 0 ist.
$(-323) \cdot (-1) \cdot (-321)$ ist das richtige Produkt.
$(-1) \cdot (-321) \cdot 323$ ist nicht das Produkt, weil sein Vorzeichen positiv sein muss.

3 *Thema: Zahlen in Faktoren zerlegen*

a) $2^3 \cdot 5^2 \cdot 17 \cdot 2^2 \cdot 125 = (2^2 \cdot 5^2) \cdot (23 \cdot 125) \cdot 17 = 100 \cdot 1000 \cdot 17 = 1\,700\,000$
Das Ergebnis ist eine Million siebenhunderttausend.

b) $7020 = 20 \cdot 351 = 2 \cdot 2 \cdot 5 \cdot 9 \cdot 39 = 2 \cdot 2 \cdot 3 \cdot 3 \cdot 5 \cdot 3 \cdot 13 = 2^2 \cdot 3^3 \cdot 5 \cdot 13$
Man kann z. B. ablesen: $7020 = (2 \cdot 2 \cdot 5 \cdot 3) \cdot (3 \cdot 3 \cdot 13) = 117 \cdot 60$ oder
$7020 = 90 \cdot 78 = 52 \cdot 135 = 54 \cdot 130$

4 *Thema: Natürliche Zahlen multiplizieren und dividieren*

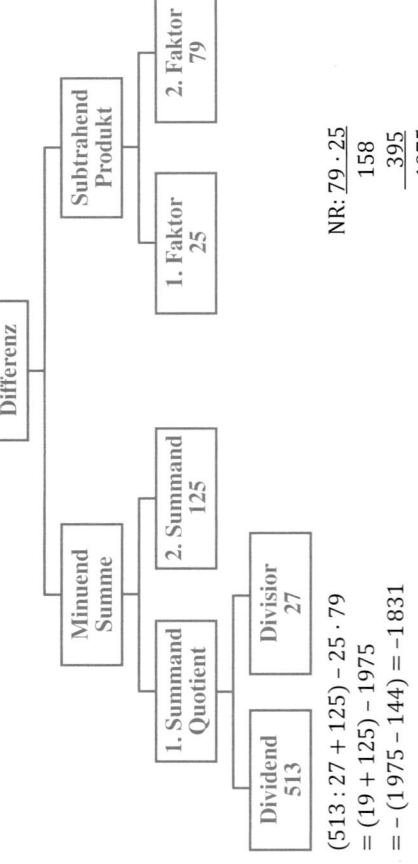

$(513 : 27 + 125) - 25 \cdot 79$
$= (19 + 125) - 1975$
$= - (1975 - 144) = -1831$

NR: $79 \cdot 25$
158
395
1975

5 *Thema: Systematisches Zählen*

a) Ingo wendet das Zählprinzip an, weil für jede Entscheidungsstufe (Tal, See, Hütte) jeder mögliche Weg zur Auswahl steht und es somit 4 · 5 · 3 = 60 verschiedene Wege vom Tal zum Gipfel gibt.

b) Auf dem Rückweg ist die Auswahl der Wege eingeschränkt, weil ein schon ausgewählter Weg nicht zweimal begangen werden soll. Deshalb gibt es 3 · 4 · 2 = 24 mögliche Wege vom Gipfel zurück zum Tal.

46 Beispiel C

1 *Thema: Winkel*
a) und b)

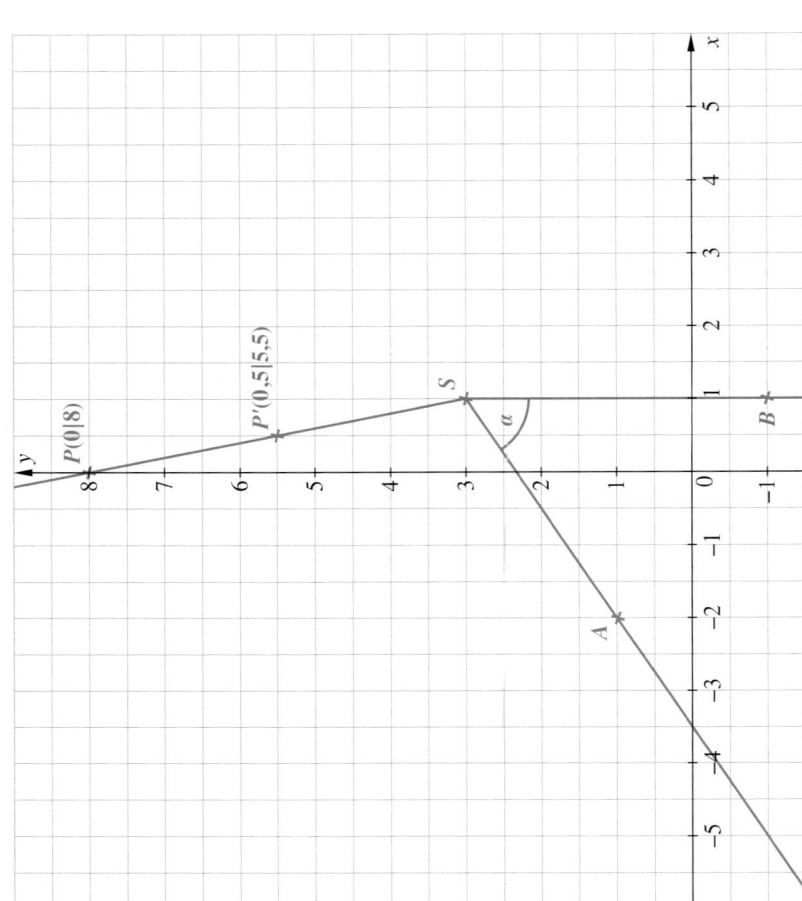

Der Winkel α ist 57° groß. $P(0 \mid 8)$ oder $P'(0,5 \mid 5,5)$
Der Winkel γ ist 248° groß.

2 *Thema: Primfaktoren und Potenzen*

$968 = 2 \cdot 484 = 2 \cdot 2 \cdot 242 = 2 \cdot 2 \cdot 2 \cdot 121 = 2 \cdot 2 \cdot 2 \cdot 11^2 = 2^3 \cdot 11^2$

3 *Thema: Natürliche Zahlen multiplizieren und dividieren*

a) $5712 : 56 + (43 - 15) \cdot 38$
$= 102 + 28 \cdot 38$
$= 102 + 1064 = 1166$

b) $75 \cdot 24 \cdot 703 - 703 \cdot 82 - 718 \cdot 703$
$= 703 \cdot (75 \cdot 24 - 82 - 718)$
$= 703 \cdot [(75 \cdot 4) \cdot 6 - (82 + 718)] = 703 \cdot (1800 - 800)$
$= 703 \cdot 1000 = 703000$

c) Term ohne Klammern, dessen Wert existiert:

$1664 : 26 \cdot 0 \cdot 4 - 200 \cdot 0 : 10 = 0 - 0 = 0$ oder
$1664 : 26 \cdot 0 : 4 - 200 \cdot 0 : 10 = 0 - 0 = 0$ oder
$1664 : 26 \cdot 0 : 4 - 200 \cdot 0 : 10 = 0 - 0 = 0$

Term mit Klammern, dessen Wert nicht existiert:

$1664 : (26 \cdot 0) \cdot 4 - 200 \cdot 0 : 10$ oder
$1664 : (26 \cdot 0 : 4) - 200 \cdot 0 : 10$ oder
$1664 : (26 \cdot 0 : 4) - 200 \cdot 0 : 10$

5 *Thema: Zählprinzip*

Auf dem ersten Blatt stehen Zahlen der Art $\quad 3 \; \underline{} \; \underline{} \; \underline{}$

Die Anzahl der Möglichkeiten dafür beträgt 3 024, da $\quad 1 \cdot 9 \cdot 8 \cdot 7 \cdot 6 = 3024.$

Auf dem zweiten Blatt stehen Zahlen der Art $\quad \underline{} \; \underline{} \; \underline{} \; \underline{}$

Die Anzahl der Möglichkeiten dafür beträgt 4 500, da $\quad 9 \cdot 1 \cdot 10 \cdot 10 \cdot 5 = 4\,500.$

(Die erste Ziffer darf nicht null sein, weil sie am Anfang steht, dafür gibt es 9 Möglichkeiten. Die zweite Ziffer ist dieselbe wie die erste, es gibt nur eine Möglichkeit. Für die folgenden beiden Ziffern kommen 10 Ziffern in Frage, es gibt je 10 Möglichkeiten.
Die letzte Ziffer muss gerade sein, es gibt 5 Möglichkeiten.)
Hans hat 3 024 und 4 500 Zahlen zur Auswahl. Ob da zwei Blätter reichen?

48 Beispiel D

1 *Thema: Winkel*

a) α ist ein spitzer Winkel und β ist ein überstumpfer Winkel.

b) α ist 70° groß und β ist 245° groß.

2 *Thema: Ganze Zahlen multiplizieren und dividieren*

a) Der Quotient am Ende der Berechnung kann nicht den Wert 0 haben, weil eine Division durch 0 nicht erlaubt ist.
Weil in der Rechnung keine Klammern vorhanden sind, wird von links nach rechts gerechnet, wobei Punktrechnung vor Strichrechnung gilt: $25 : 5 - 5 = 5 - 5 = 0$. Diese Rechenvorschrift wurde missachtet.

b) $-8 \cdot 47 \cdot 125 = -(47 \cdot 8 \cdot 125) = -(47 \cdot 1\,000) = \underline{-47\,000}$
z. B. mithilfe der Umkehraufgabe: $-21 = -1 \cdot (-8 + \underline{})$
Der Wert in der Klammer muss positiv sein und 21 ergeben. Also ist $\underline{} = 29$.

c) Die Aufgabe lautet $136 : \underline{} = -17$. Die gesuchte Zahl ist -8.

3 *Thema: Rechenvorteile und Rechengesetze*

a) $6300 : 60 - (5 \cdot 2^3 \cdot 5^2 + 8^2 : 16) \cdot 3$
$= 105 - (10 \cdot 100 + 4) \cdot 3$
$= 105 - 1004 \cdot 3$
$= 105 - 3012 = -2907$

b) I. $998 \cdot 551$
$= (1000 - 2) \cdot 551$
$= 551000 - 2 \cdot 551$
$= 551000 - 1102 = 549898$
II. $705 \cdot 401 - 55 \cdot 401 + 401 \cdot 350$
$= (705 - 55 + 350) \cdot 401$
$= 1000 \cdot 401 = 401000$

4 *Thema: Systematisches Zählen*

a) Die vier Kinder können sich auf $4 \cdot 3 \cdot 2 \cdot 1 = 24$ Möglichkeiten nebeneinander setzen.
Im Monat Oktober mit 31 Tagen gibt es mindestens vier Wochenenden und einen Feiertag, bleiben also höchstens 23 Schultage übrig.
Da es mehr Möglichkeiten gibt, sich auf unterschiedliche Art auf die vier Stühle zu setzen, muss Annas Frage mit „Ja!" beantwortet werden.

b) Weder Benedikt noch Anna haben Recht, denn beide vergessen, dass auch Carina und David ihre Plätze tauschen können.
Benedikt übersieht zusätzlich, dass er mit Anna die Plätze tauschen kann.
Es gibt also $3 \cdot 2 \cdot 1 \cdot 2 = 12$ Möglichkeiten, wie sich die vier Kinder platzieren können, auch wenn die Zwillinge nebeneinander sitzen wollen.

Vierte Schulaufgabe

52 Beispiel A – Teil 1

1 *Thema: Rechnen mit ganzen Zahlen*

a) $3780 : [15 \cdot 14 + 4 \cdot (-7) \cdot 10]$
$= 3780 : [210 + (-280)]$
$= 3780 : (-70)$
$= -378 : 7 = -54$

b)

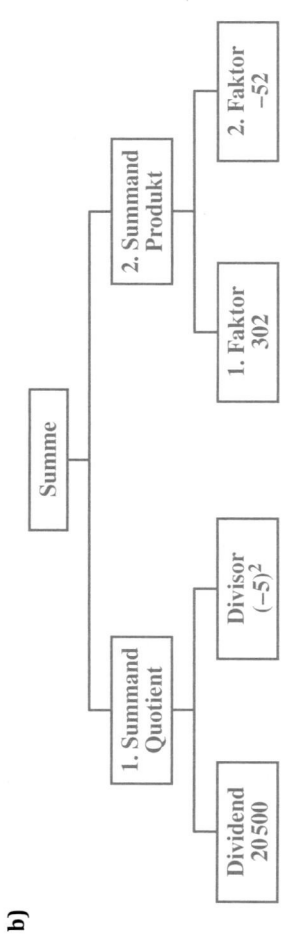

	Summe	
1. Summand Quotient		2. Summand Produkt
Dividend 20500	Divisor $(-5)^2$	1. Faktor 302 / 2. Faktor –52

$20000 : 25 + 300 \cdot (-50)$
$= 800 - 15000 = -14200$

Deshalb kommt Ergebnis D in Frage.

c) Als Überschlagsrechnung eignet sich z. B.

2 *Thema: Größen in Kommaschreibweise*

a) Denselben Wert haben 5,5 kg, 0,0055 t und 5 kg 500 g, also B, C und D.
b) 1 km 9 cm = 1000,09 m   12 kg 40 g = 12,040 kg
c) 18,18 kg = 18 kg 180 g   2,00054 km = 2 km 5 dm 4 cm

3 *Thema: Addieren und Subtrahieren von Größen*

a) 3,4 m – 3,4 cm
= 340 cm – 3,4 cm
= 306 cm = 3 m 6 cm = 3,06 m
b) 2 h 11 min 47 s – 25 min
= 1 h 71 min 47 s – 25 min
= 1 h 46 min 47 s
(Hinweis: Man rechnet hier am besten in gemischten Einheiten, man kann aber auch
Minuend und Subtrahend z. B. in Sekunden verwandeln.)

4 *Thema: Schlussrechnung und Maßstab*

a) In diesem Maßstab ist 1 cm auf der Karte in Wirklichkeit 120000 cm, also 1 200 m lang.
24 km : 1 200 m = 24000 : 1200 = 240 : 12 = 20
Der Wanderweg ist auf der Karte 20 cm lang.
b) 15 km in Wirklichkeit, das sind 15 000 m, sind auf der Karte 25 mm lang.
1 mm auf der Karte ist also in Wirklichkeit 15 000 m : 25 = 600 m lang.
600 m = 600000 mm   Der Maßstab ist also 1 : 600000 .

54 Beispiel A – Teil 2

1 *Thema: Rechnen mit Größen*

a) 4,025 kg : 25 g = 4025 g : 25 g = 161
NR: 4025 : 25 = 161
$\underline{25}$
152
$\underline{150}$
  25
  $\underline{25}$
   0

b) 304,5 km : 40 km = 7 Rest 24,5 km
Die Familie ist also mindestens 8 Tage unterwegs.

2 *Thema: Umfang*

a) u = (4,40 m + 5,60 m) · 2
= 10 m · 2 = 20 m
Der Umfang der Baugrube beträgt 20 m.
b) s = 20 m : 4 = 5 m
Die Seitenlänge einer quadratischen Baugrube mit 20 m Umfang misst 5 m.
c) Die Maße der Baugrube im Maßstab 1 : 200
sind 22 mm bzw. 28 mm,
der Zaun hat einen Abstand von 2,5 mm.

Skizze:

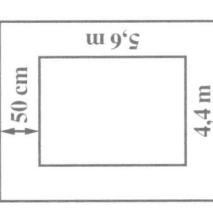

Die Länge l des Bandes kann man auf verschiedene Arten ermitteln.
l = [(4,40 m + 2 · 0,50 m) + (5,60 m + 2 · 0,50 m)] · 2 = 24 m
l = 20 m + 4 · (0,50 m + 0,50 m) = 24 m   oder
l = (4,40 m + 1 m) · 2 + (5,60 m + 1 m) · 2 = 24 m   oder
Das Band ist 24 m lang.

3 *Thema: Flächenmessung*

a) Beispiel: In ein Quadrat der Seitenlänge 1 dm (1 dm = 10 cm) passen in jede Reihe
10 Quadrate der Seitenlänge 1 cm. Um das Quadrat ganz zu überdecken, muss man
10 solche Reihen legen. Das gesamte Quadrat mit Seitenlänge 1 dm hat den
Flächeninhalt 1 dm² und wird von 10·10 = 100 Quadraten mit Seitenlänge 1 cm
überdeckt. Also ist 1 dm² = 100 cm².

b) 2 013 dm² = 201300 cm²   20 013 cm² = 200,13 dm² = 2,0013 m²
2 013 cm = 20,13 m   20013 dm² = 200,13 m² = 2,0013 a

4 Thema: Flächeninhalt

Das Rechteck hat den Flächeninhalt A = 5 m · 8,4 m = 42 m².

Denselben Flächeninhalt besitzen Rechtecke z. B. mit 6 m Länge und 7 m Breite oder mit 21 m Länge und 2 m Breite oder mit 10,5 m Länge und 4 m Breite ...

56 Beispiel B

1 Thema: Rechnen mit ganzen Zahlen

a) -90 · (-16 + 56) - 68
= -90 · 40 - 68
= -3600 - 68 = -3668   Der Name des Terms ist Differenz.

b) (-4)² · [3 + 81 : (-9)]
= 16 · [3 + (-9)]
= 16 · (-6) = -96   Der Name des Terms ist Produkt.

2 Thema: Rechnen mit Größen

a) 13,66 kg · 1000 = 13660 kg = 13,66 t

b) 10,20 € : 0,15 €
= 1020 ct : 15 ct = 68

c) 3,03 km : 4 = 3030 m : 4 = 30300 dm : 4 = 7575 dm
3,03000 km : 4 = 0,7575 km   oder

0
30
28
23
20
30
28
20
20
0

3 Thema: Umfang und Flächeninhalt

Der Umfang des Rechtecks bleibt gleich, weil der Zentimeter, der in der Länge weggenommen wird, in der Breite dazukommt. Also bleibt die Summe aus Länge und Breite – und damit der Umfang – gleich.

Beim Rechteck, das Lisa gezeichnet hat, wächst der Flächeninhalt, weil ein Streifen der Breite 1 cm hinzukommt, der länger ist als der Streifen, der wegfällt. Wenn man aber z. B. bei einem Rechteck mit Länge 2 cm und Breite 7 cm die Länge auf 1 cm verkürzt und die Breite auf 8 cm verlängert, so sinkt der Flächeninhalt von 14 cm² auf 8 cm². Julian hat also mit seinen beiden Aussagen Recht.

4 Thema: Schlussrechnung und Maßstab

a) Dieser Maßstab bedeutet, dass 1 cm auf der Karte in Wirklichkeit 5 km lang ist.
1 mm auf der Karte ist in Wirklichkeit 500 m lang.
4 cm sind demzufolge in Wirklichkeit 4 · 5 km = 20 km lang und
7 mm in Wirklichkeit 7 · 500 m = 3500 m.
Die Strecke ist in Wirklichkeit 23,5 km lang.

b) 200 km sind auf der Karte 40 cm lang, weil 200 km : 5 km = 40 ist.
2 km sind auf der Karte 4 mm lang, weil 2000m : 500 m = 40 ist.
Die Strecke von A nach B ist auf dieser Straßenkarte also 40,4 cm lang.

c) 65 · 500 m = 32500 m = 32,5 km und nicht 390 km, wie angegeben.
Holger hat einen falschen Maßstab verwendet, da 6 cm 5 mm auf der Karte in der Wirklichkeit 32,5 km lang sein müssten.   oder
390 km : 5 km = 78. Holger hat einen falschen Maßstab verwendet, da 390 km auf der Karte 78 cm lang sein müssten.   oder
Wenn 390 km auf der Karte 65 mm messen, dann ist 1 mm in Wirklichkeit 6 km lang,
weil 390 : 95 = 6 ist.
Der Maßstab einer Karte, auf der 390 km 65 mm lang sind, ist also 1 : 6000000.
Der Maßstab 1: 500000 ist also falsch.

58 Beispiel C

1 Thema: Umfang und Maßstab

a) 13,5 m in Wirklichkeit sind in der Zeichnung 4,5 cm.
Also ist der Maßstab 1 : 300, weil 300 · 4,5 cm = 13,5 m ist.
Die Grube ist in Wirklichkeit 2,6 · 300 cm = 13,5 m breit.
Die Breite der Grube beträgt 7,8 m.
u = (7,8 m + 13,5 m) · 2 = 2 · 21,3 m = 42,6 m.
Der Umfang der Grube beträgt 42,6 m.

b) Der Bauzaun ist 13,5 m + 9 m = 22,5 m lang und 7,8 m + 12 m = 19,8 m breit.
Länge l des Bauzauns: l = (22,5 m + 19,8 m) · 2 = 42,3 m · 2 = 84,6 m
Selbst wenn man das 3 m breite Tor berücksichtigt, reichen 80 m Zaun nicht.

c) Möglichkeit A: Man berechnet zuerst den Flächeninhalt des äußeren, großen Rechtecks, das vom Zaun begrenzt wird und subtrahiert davon den Flächeninhalt des inneren Rechtecks (Baugrube).
Möglichkeit B: Man teilt die Fläche zwischen Bauzaun und Grube in vier Rechtecke, von denen je zwei gleich groß sind (auch dafür gibt es verschiedene Möglichkeiten), berechnet deren Flächeninhalte und addiert sie.

d) 7,5 m : 300 = 2,5 cm
Das Warnschild kann auf einem Kreisbogen mit dem Radius 2,5 cm um den rechten oberen Zaunpfosten aufgestellt werden. Der Bogen reicht aber nicht in den Bereich innerhalb des Zauns hinein.

60 Beispiel D

1 *Thema: Rechnen mit ganzen Zahlen*

a) Multipliziere zwei ganze Zahlen zuerst ohne Beachtung ihrer Vorzeichen – multipliziere also ihre Beträge. Setze danach das Vorzeichen „+" vor das Ergebnis, wenn die beiden Faktoren gleiche Vorzeichen haben und sonst ein „–".

b) $998 \cdot (-5)$
$= (1000 - 2) \cdot (-5)$
$= 1000 \cdot (-5) - 2 \cdot (-5)$
$= -5000 - (-10) = -4990$

c) $-306 : 3 - [66 : (-3) + (-1) - (-2)^5] \cdot 2$
$= -102 - [-22 + 32] \cdot 2$
$= -102 - 20 = -122$

d) Weil „Punkt vor Strich" geht, darf $13 - 3$ nicht als erstes gerechnet werden.
Außerdem müssen Punktrechnungen „von links nach rechts" ausgeführt werden.
$-260 : 13 - 3 : 2 = -20 - 6 = -26$

Der Term ist eine Differenz.

2 *Thema: Schlussrechnung*

3 Stifte:	225 ct		: 3
1 Stift:	75 ct		· 5
5 Stifte:	375 ct		

$375\ \text{ct} - 349\ \text{ct} = 26\ \text{ct}$
Fünf einzeln gekaufte Stifte sind 26 ct teurer als fünf Stifte in einer Packung.

3 *Thema: Größen und ihre Einheiten*

$3\ \text{h}\ 13\ \text{min} = 10800\ \text{s} + 780\ \text{s} = 11580\ \text{s}$ $2014\ \text{dm} = 0{,}2014\ \text{km}$
$10705\ \text{dm}^2 = 0{,}01705\ \text{ha}$ $1013\ \text{kg} = 1{,}013\ \text{t}$

4 *Thema: Oberflächeninhalt von Quader und Würfel*

a) Die Vorderfläche ist 4,5 cm lang und hat als Breite die Höhe h. Das Rechteck hat den Flächeninhalt 27 cm² und ist deshalb $27\ \text{cm}^2 : 4{,}5\ \text{cm} = 6\ \text{cm}$ hoch.

b) Im Maßstab 1 : 2 ist der Quader 2,25 cm lang, 1,5 cm breit und 3 cm hoch.
Es gibt mehrere Möglichkeiten das Netz zu zeichnen. (Du kannst durch Ausschneiden und Falten überprüfen, ob deine Lösung richtig ist.) Siehe Zeichnung links
$O_{\text{Quader}} = (4{,}5\ \text{cm} \cdot 3\ \text{cm} + 27\ \text{cm}^2 + 3\ \text{cm} \cdot 6\ \text{cm}) \cdot 2$
$= 117\ \text{cm}^2$

c) Der Oberflächeninhalt des Quaders ist viermal so groß wie der Flächeninhalt des Netzes, weil im Vergleich zum Netz alle Seitenlängen der rechteckigen Begrenzungsflächen des Quaders doppelt so lang sind. Verdoppelt man bei einem Rechteck gleichzeitig Länge und Breite, so vervierfacht sich der Flächeninhalt.

d) A   B

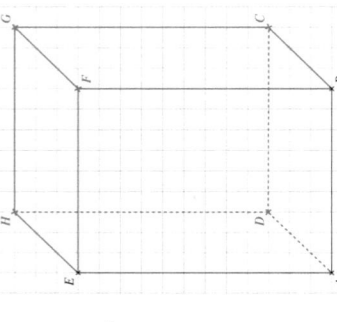

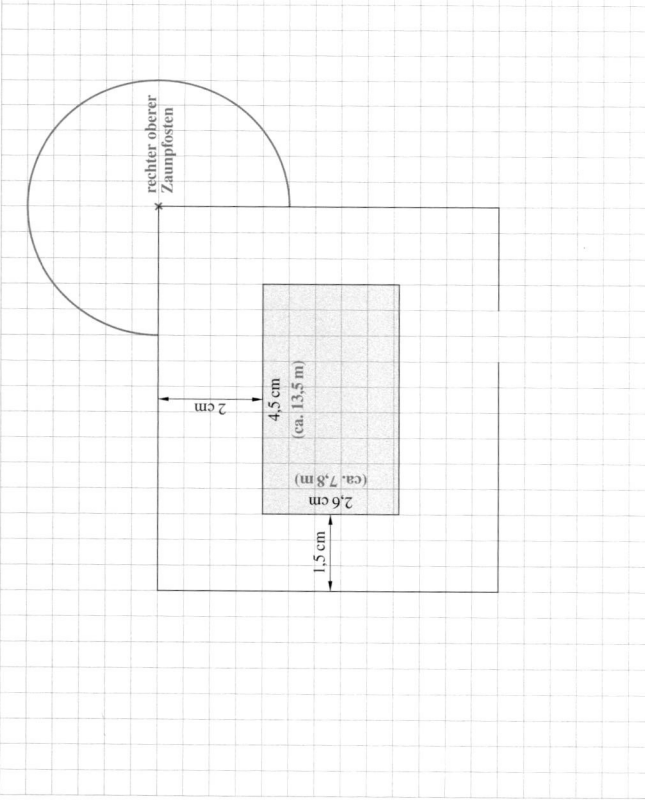

2 *Thema: Rechnen mit ganzen Zahlen*
Der Term ist eine Summe.
Überschlagsrechnung: $[40 \cdot (-100) - 8000 : (-5)] + (-70) \cdot (-50)$
$= [-4000 - (-1600)] + 3500 = 1100$

Es können also die Ergebnisse B und D richtig sein.

3 *Thema: Rechnen mit Größen*

a) $2\ \text{h}\ 17\ \text{s} = 7217\ \text{s}$ $3\ \text{hl}\ 20\ \text{ml} = 300{,}02\ \text{l}$ $805030\ \text{cm} = 8{,}0503\ \text{km}$

b) $0{,}403\ \text{kg} - 20{,}8\ \text{g} = 403{,}0\ \text{g} - 20{,}8\ \text{g} = 382{,}2\ \text{g} = 0{,}3822\ \text{kg}$
oder
$0{,}403\ \text{kg} - 20{,}8\ \text{g} = 0{,}4030\ \text{kg} - 0{,}0208\ \text{kg} = 0{,}3822\ \text{kg}$

62

Test zum Jahresstoff

1 *Thema: Schlussrechnung*
Shop A: 150 Kopien · 9 ct je Kopie = 1 350 ct = 13,50 €.
Shop B: 100 Kopien · 10 ct je Kopie + 50 Kopien · 7 ct je Kopie
= 1 000 ct + 350 ct = 1 350 ct = 13,50 €.

2 *Thema: Primfaktorzerlegung*
a) $147 = 3 \cdot 49 = 3 \cdot 7 \cdot 7 = 3 \cdot 7^2$
b) Die Aussage trifft z. B. für die Zahlen 6 und 12 zu,
weil $6 = 2 \cdot 3$ und $12 = 2 \cdot 2 \cdot 3$ ist. Außerdem ist $6 < 12$.
Die Aussage trifft z. B. nicht für die Zahlen 18 und 21 zu,
weil $18 = 2 \cdot 3 \cdot 3$ und $21 = 3 \cdot 7$, aber $18 < 21$ ist.

3 *Thema: Ganze Zahlen*
a) $-150 \; < \; -100 \; < \; -50 \; < \; 0 \; < \; 25 \; < \; 75$
b) A   B   B   A
c) $2^4 + (-3)^3 \cdot 5 = 16 - 135 = -119$

4 *Thema: Systematisches Zählen*
a) Es gibt $1 \cdot 1 \cdot 7 \cdot 4 = 28$ Zahlen.
b) C

5 *Thema: Rechnen mit Größen, Maßstab*
a) $1 \, m^2 + 52 \, dm^2 - 620 \, cm^2$
$= 152 \, dm^2 - 6 \, dm^2 \, 20 \, cm^2$
$= 151 \, dm^2 \, 100 \, cm^2 - 6 \, dm^2 \, 20 \, cm^2$
$= 145 \, dm^2 \, 80 \, cm^2$
b) 1 mm auf der Karte bedeutet 50 m in Wirklichkeit.
85 mm auf der Karte sind in Wirklichkeit $85 \cdot 50 \, m = 4250 \, m$ lang.

6 *Thema: Geometrische Grundkenntnisse*
$d \approx 2{,}5$ cm

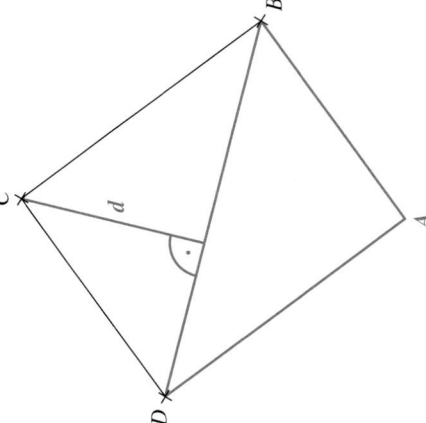

7 *Thema: Umfang und Flächeninhalt*
C Der Flächeninhalt vervierfacht sich.
B Ist das Rechteck ein Quadrat, so verdoppelt sich mit der Länge auch die Breite und
der Umfang wird doppelt so groß.
Sind die Seitenlängen unterschiedlich, ist dies nicht der Fall.
B Wenn das Trapez nicht gleichschenklig ist, ist es kein Rechteck.

Notenschlüssel

	Beispiel für eine halbe Schulaufgabe	Beispiel für eine ganze Schulaufgabe	Beispiel für eine Test zum Jahresstoff
Note 1	24 bis 21 Punkte	42 bis 36 Punkte	21 bis 16 Punkte
Note 2	20 bis 17 Punkte	35 bis 29 Punkte	15 bis 13 Punkte
Note 3	16 bis 13 Punkte	28 bis 22 Punkte	12 bis 10 Punkte
Note 4	12 bis 9 Punkte	21 bis 15 Punkte	9 bis 7 Punkte
Note 5	8 bis 5 Punkte	14 bis 8 Punkte	6 bis 4 Punkte
Note 6	4 bis 0 Punkte	7 bis 0 Punkte	3 bis 0 Punkte

INHALT

Vorwort 4

Rund um den Unterricht 5

Lernspiele
Kreuzzahlrätsel; Puzzle zur Addition;
Kreuzzahlrätsel zur Multiplikation und
Division; Finde das Sprichwort

Tipps zur Vorbereitung auf den Unterricht 5
Tipps zum Anfertigen und Verbessern einer Hausaufgabe 6
Tipps zur Vorbereitung auf eine Schulaufgabe 7

Fünf Lernspiele zu Inhalten aus der Grundschule 8

Erste Schulaufgabe 13

Themen
Zahlenstrahl; Natürliche Zahlen; Große
Zahlen; Dezimalsystem; Runden; Negative
ganze Zahlen; Zahlengerade; Ganze Zahlen
ordnen; Betrag; Summen und Differenzen;
Vorteilhaft addieren und subtrahieren;
Überschlagsrechnungen

Vorbereitungsplan 13
Das solltest du wissen 14

Beispiel A – Teil 1 16
Beispiel A – Teil 2 18
Beispiel B 20
Beispiel C 22
Beispiel D 24

Zweite Schulaufgabe 25

Themen
Addieren und subtrahieren an der Zahlen-
geraden; Rechenregeln; Gleichungen;
Fachbegriffe und Befehlssätze; Terme
gliedern; Begründen und Argumentieren;
Zeichnen im Koordinatensystem; Punkt,
Strecke, Gerade, Kreis; Vierecke

Vorbereitungsplan 25
Das solltest du wissen 26

Beispiel A – Teil 1 28
Beispiel A – Teil 2 30
Beispiel B 32
Beispiel C 34
Beispiel D 36

Dritte Schulaufgabe 37

Themen
Winkel zeichnen und messen;
Natürliche Zahlen dividieren und
multiplizieren; Fachbegriffe;
Rechengesetze und Rechenvorteile;
Verbindung der Grundrechenarten;
Potenzen; Primfaktoren; Baum-
diagramme; Systematisches Zählen

Vorbereitungsplan 37
Das solltest du wissen 38

Beispiel A – Teil 1 40
Beispiel A – Teil 2 42
Beispiel B 44
Beispiel C 46
Beispiel D 48

Vierte Schulaufgabe 49

Themen
Rechnen mit ganzen Zahlen; Rechengesetze;
Größen und ihre Einheiten;
Schlussrechnung; Maßstab;
Umfang des Rechtecks; Sachaufgaben;
Flächenmessung; Flächeneinheiten;
Flächenberechnung

Vorbereitungsplan 49
Das solltest du wissen 50

Beispiel A – Teil 1 52
Beispiel A – Teil 2 54
Beispiel B 56
Beispiel C 58
Beispiel D 60

Test zum Jahresstoff 62

VORWORT

LIEBE SCHÜLERIN, LIEBER SCHÜLER,

mit dem Übertritt an ein Gymnasium hast du ein erstes großes Ziel auf deinem Ausbildungsweg erreicht. Im Vergleich zur Grundschule hat sich vieles geändert und du hast sicher festgestellt, dass du mehr arbeiten musst als dort. Dieser Schulaufgabentrainer soll dir dabei helfen und dir das Lernen im Fach Mathematik erleichtern.

- Im ersten Teil des Trainers findest du wichtige Tipps zur Vorbereitung auf den Unterricht, zum Anfertigen und Verbessern einer Hausaufgabe sowie zur Vorbereitung auf eine Schulaufgabe. Im Anschluss daran kannst du einige Übungen zum Kopfrechnen machen („Tipps zur Steigerung des Rechentempos") und dein Wissen aus der Grundschule anhand von Lernspielen testen.

- Der zweite Teil besteht aus Schulaufgaben oder aus Teilen davon. Solche Schulaufgaben musst du im Laufe eines Schuljahres mehrfach bearbeiten. Ihre Termine erfährst du spätestens eine Woche vorher. Die Schulordnung regelt die Gewichtung bei der Ermittlung der Zeugnisnote, die Anzahl und die Bearbeitungszeit dieser großen Leistungsnachweise. Daneben musst du kleine Leistungsnachweise erbringen, z.B. durch Rechenschaftsablagen, Unterrichtsbeiträge, Referate oder unangekündigte Stegreifaufgaben (Extemporalien) – bei letzteren werden neben Grundwissen Inhalte von höchstens zwei unmittelbar vorangegangenen Unterrichtsstunden abgeprüft.

- Bei den Schulaufgaben wurden meist zwei Kapitel des Schulbuchs zusammengefasst. Die Stoffgebiete, die behandelt werden, sind bei jeder Aufgabe in der Überschrift aufgeführt. Dies hilft dir zu erkennen, welche Aufgaben für dich wesentlich sind, da dein Lehrer[1] eventuell in einer anderen Reihenfolge vorgeht oder die Schulaufgaben zu anderen Zeitpunkten ansetzt. Frage deinen Lehrer deshalb spätestens eine Woche vor der Schulaufgabe, welche Stoffgebiete er abprüft.

- Am Ende einer jeden Schulaufgabe findest du Hinweise zu Bewertung und Arbeitszeit. Du solltest zur Vorbereitung unter Zeitdruck arbeiten, um dich auf die Situation einzustimmen und dein Arbeitstempo zu prüfen. Mögliche Bewertungen (Notenschlüssel) findest du am Ende der Lösungen. Frage jedoch auch hier deinen Lehrer, wie er bewertet.

- Du kannst die Aufgaben auf den Leerzeilen im Trainer bearbeiten oder, wenn der Platz nicht reicht, auf einem gesonderten Blatt. Die letzte Schulaufgabe eines Kapitels hat meist keine Leerzeilen.
  Ziehe das Lösungsheft erst zu Rate, wenn du die Aufgaben eigenständig gelöst hast und deine Lösung kontrollieren willst. Lass dir von anderen Personen (Eltern, Lehrer, Geschwister, …) dadurch helfen, dass sie zunächst nur am Rand markieren, wo dir Fehler passiert sind. Finden und korrigieren solltest du diese selber.

- Kannst du eine Aufgabe nicht lösen, so nutze zunächst die Hinweise auf den Seiten mit der Überschrift „Das solltest du wissen". Hier wird das benötigte Wissen kurz zusammengefasst. Wenn du auch danach an der Lösung scheiterst, solltest du deinen Lehrer fragen, wie die Aufgabe zu bearbeiten ist. Er wird sich sicher über deine Wissbegierde freuen.

- Auf den letzten drei Seiten deines Schulaufgabentrainers findest du einen Test zum Stoff des gesamten fünften Schuljahrs.

Nun wünschen wir dir viel Spaß beim Bearbeiten der Aufgaben und viel Erfolg.

---

1 Im Folgenden ist stets von Lehrern die Rede. Damit sind natürlich Lehrerinnen und Lehrer gemeint.

Rund um den Unterricht

Tipps zur Vorbereitung auf den Unterricht

- Bringe nur Sachen in den Unterricht mit, die du auch unbedingt brauchst, sonst wird deine Schultasche unnötig schwer.
Räume deine Schultasche immer am Vortag ein.

- Gehe gut ausgeschlafen in den Unterricht und frühstücke ordentlich.

- Spitze Bleistifte und Farbstifte schon zu Hause und kontrolliere deine Füllerpatronen bzw. deinen Zirkel, falls du diesen auch mitbringen sollst.

- Arbeite den behandelten Unterrichtsstoff mit Hilfe von Heft und Buch zu Hause sorgfältig durch – der Lehrer wird voraussichtlich den Stoff der letzten Stunde abfragen.

- Typische Aufgaben solltest du „im Schlaf" beherrschen. Solche Aufgaben findest du in den Zusammenfassungen deines Schulbuchs.
Auch dein Lehrer kann dir Beispiele dafür nennen, die du dann regelmäßig wiederholen solltest.

- Formuliere – am besten schriftlich - mehrere Fragen zur vorangegangenen Unterrichtsstunde und stelle sie deinem Freund oder deiner Freundin auf dem Schulweg, vor dem Unterricht oder in der Pause (Beispiel: Welche unterschiedlichen Arten von Diagrammen gibt es?).
Damit kannst du feststellen, ob ihr dasselbe verstanden habt, aber auch Unverstandenes klären. Wenn ihr euch nicht einigen könnt, solltest du deinen Lehrer fragen. Er wird sich über eure Rückmeldung freuen.

- Mathematiker besitzen ein eigenes Vokabular. Wörter aus dieser Sprache musst du wie bei jeder anderen Fremdsprache sicher beherrschen, um Dinge zu verstehen und dich verständlich machen zu können. Lege deshalb ein „Vokabelheft" an, in dem Begriffe erklärt, aber auch Rechenregeln aufgenommen werden.

Beispiele:	der Vorgänger	Die natürliche Zahl, die um 1 kleiner ist als die Zahl selbst.
	der Nachfolger	Die natürliche Zahl, die um eins größer ist als die Zahl.
	addieren	zusammenzählen

Plan deines Klassenzimmers

Zeichne einen Plan deines neuen Klassenzimmers im Maßstab 1 : 200 und trage darin die Plätze von dir und deinen besten Freunden oder Freundinnen ein.

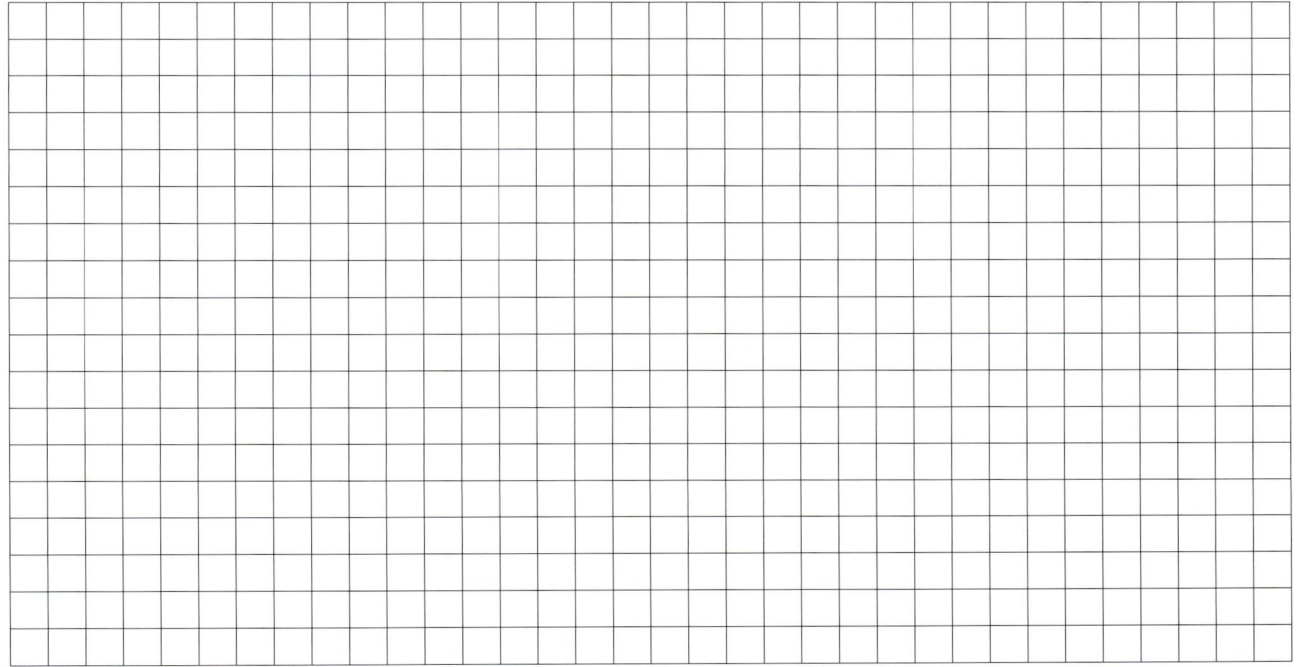

Tipps zum Anfertigen und Verbessern einer Hausaufgabe

● Verschaffe dir einen ruhigen, übersichtlichen, sauber aufgeräumten Arbeitsplatz.
Lernen geht nur ohne Musik und Trubel!

● Bevor du mit der Hausaufgabe beginnst, lies erst durch, was in der letzten Unterrichtsstunde behandelt wurde.
Du findest das Wesentliche im Heft und in der Zusammenfassung im Buch.

● Schriftliche Hausaufgaben solltest du möglichst an dem Tag machen, an dem sie dir gestellt werden.
Du hast die Zusammenhänge noch frisch in Erinnerung und kannst ohne Zeitdruck arbeiten.

● Im Hefteintrag der letzten Unterrichtsstunde findest du in der Regel ähnliche Aufgaben wie die, die dir in der Hausaufgabe gestellt worden sind.
Überprüfe, wie bei der Lösung vorgegangen wurde.

● Gib bei jeder Aufgabe Seite und Nummer an, damit du bei der Vorbereitung auf die Schulaufgabe die behandelten Themen schnell wieder findest.
Führe eine Liste, in die du die Themengebiete der Hausaufgaben einträgst. Gib auch an, wie viele und welche Fehler du gemacht hast.

● Löse die Aufgaben selbstständig – wenn du abschreibst, tust du dir keinen Gefallen!
Du musst ja auch in der Schulaufgabe alleine zurechtkommen.

● Frage bei Schwierigkeiten nicht gleich deine Eltern oder Geschwister.
Bemühe dich um eine Teillösung oder schreibe auf, was du an der Aufgabenstellung nicht verstanden hast.
Versuche dich so genau wie möglich auszudrücken, damit du am nächsten Tag die Probleme mit deinem Lehrer besprechen kannst. Er wird dich so besser verstehen und dir schnell helfen können.

● Rechne Hausaufgaben ab und zu auch „gegen die Uhr".
Damit stellst du fest, ob du dem Zeitdruck in einer Stegreifaufgabe oder einer Schulaufgabe gewachsen bist.

● Hab keine Angst vor Fehlern!
Aus ihnen kann man manchmal mehr lernen als ohne sie.

● Streiche falsche Rechenwege und Ergebnisse mit Farbe durch und trage die richtigen ein. Verwende auf keinen Fall einen Korrekturstift, damit du später schnell erkennst, wo du Schwierigkeiten hattest.

● Oft gibt es mehrere Lösungswege für dieselbe Aufgabe. Notiere diejenigen zusätzlich in deinem Heft, die dein Lehrer an die Tafel schreibt.
Frage aber auch nach, ob dein Lösungsweg brauchbar und sinnvoll ist, wenn er vom besprochenen Weg abweicht.

Hier kannst du deinen Mathelehrer zeichnen.

Tipps zur Vorbereitung auf eine Schulaufgabe

⮑ Die beste Vorbereitung auf eine Schulaufgabe ist deine beständige Mitarbeit das ganze Jahr über. Darüber hinaus kannst du dich gezielt einstimmen, wie es im Folgenden beschrieben ist.

⮑ Frage eine Woche vor der Schulaufgabe deinen Lehrer nach den Themen, auf denen neben dem Grundwissen der Schwerpunkt liegt.

⮑ Arbeite mit einem Vorbereitungsplan wie z. B. auf S. 13, sodass du in etwa sechs Tagen den betreffenden Stoff wiederholen kannst.
Am Tag vor der Schulaufgabe solltest du nichts Neues mehr in Angriff nehmen!

⮑ Rechne alle Aufgaben aus deinen Heften noch einmal auf einem Blatt selbstständig durch und vergleiche erst danach mit den richtigen Lösungen.

Vor allem solche Aufgaben, bei denen dir Fehler unterlaufen sind, solltest du erneut in Angriff nehmen und solange üben, bis du alles richtig machst. Übe aber auch an neuem Material.

⮑ Bearbeitest du Aufgaben, deren Lösungen du nicht kennst, so schreibe sie auf ein zusätzliches Blatt und frage deinen Lehrer, ob er sie für dich korrigieren könnte.

⮑ Lass deine Ergebnisse zu Aufgaben aus dem Schulaufgabentrainer mit den beiliegenden Lösungen vergleichen. Dabei ist es wichtig, dass ein Fehler zunächst nur am Rand der Zeile markiert wird, in der er passiert ist. Versuche dann, ihn zu verbessern.

⮑ Durch regelmäßige Kopfrechenübungen zu Hause kannst du dein Rechentempo erhöhen.
Aufgaben aus dem kleinen Einmaleins und Multiplikationsaufgaben, bei denen ein Faktor zweistellig ist, solltest du sicher beherrschen.

⮑ Vor der Bearbeitung von Sachaufgaben solltest du den Text sorgfältig durchlesen und danach in eigenen Worten noch einmal wiedergeben.
Notiere, welche Größen du aus dem Text entnehmen kannst, welche gesucht sind oder nach welchen gefragt wird.
Vergiss nicht, Überlegungen und Begründungen mit aufzuschreiben, damit dich dein Lehrer besser versteht. Es gibt auch Punkte für richtige Lösungsideen, selbst wenn das Ergebnis wegen eines Rechenfehlers nicht stimmt.

⮑ Am Morgen vor der Schulaufgabe solltest du gut frühstücken.
Du hast dich sorgfältig vorbereitet und musst keine Angst haben.

⮑ Wenn du trotzdem nervös bist, setze dich aufrecht hin, atme tief durch und sag laut
„MATHE IST SCHÖÖÖÖN!"
Lach nur, aber du wirst sehen, das hilft!!!

Wenn deine Nervosität anhält, frag deinen Lehrer, ob du einen Zettel mit der Aufschrift „Ich bin gut vorbereitet!" oder „Erst tief durchatmen, dann sorgfältig lesen!" oder „Mathe ist gar nicht so schwer!" in dein Mäppchen legen darfst.

Vorlage für deinen Motivationszettel:

Mathe ist schööööön!

LERNSPIELE ZU INHALTEN AUS DER GRUNDSCHULE

Kreuzzahlrätsel

Finde Zahlen, die die Bedingungen aus „Waagrecht" und „Senkrecht" erfüllen,
und trage sie wie in einem Kreuzworträtsel ein.

Waagrecht →

1   7 458 − 7 005
3   344 + 365
5   Alter von Leonhard Euler (1707 bis 1783)
6   Palindromzahl (Eine Zahl, die von rechts
    nach links gelesen genauso lautet wie von
    links nach rechts.)
10 14 697 − 5 784
13 So viele ungerade Zahlen liegen zwischen
    1 002 und 1 178.
14 Die Zahl enthält die drei größten Ziffern.
16 Die kleinste dreistellige Zahl mit
    Quersumme 15 (Du erhältst die Quersumme
    einer Zahl, wenn du alle ihre Ziffern addierst.).

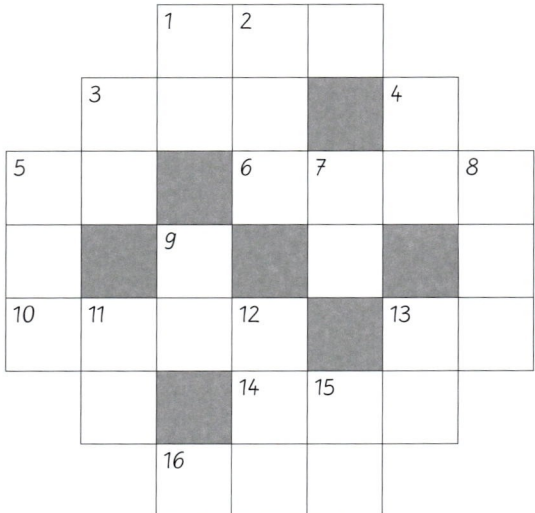

Senkrecht ↓

1   um 10 größer als 743 − 713
2   um 745 kleiner als 1 343
3   dieselbe Zahl wie in 5 waagrecht
4   Alter von Adam Ries (1492 bis 1559)
5   Zahl, die durch Vertauschen der Ziffern
    in 14 waagrecht entsteht.
7   um 3 größer als die Zahl in 3 senkrecht
8   größte dreistellige gerade Zahl mit
    lauter gleichen Ziffern
9   kleinste ungerade Zahl mit gleichen Ziffern
11 um 5 größer als die Zahl in 13 waagrecht
12 Adam Ries wurde erst 1097 Jahre
    danach geboren.
13 So viele gerade Zahlen sind größer
    als 401 aber kleiner als 575.
15 10 653 − 10 564

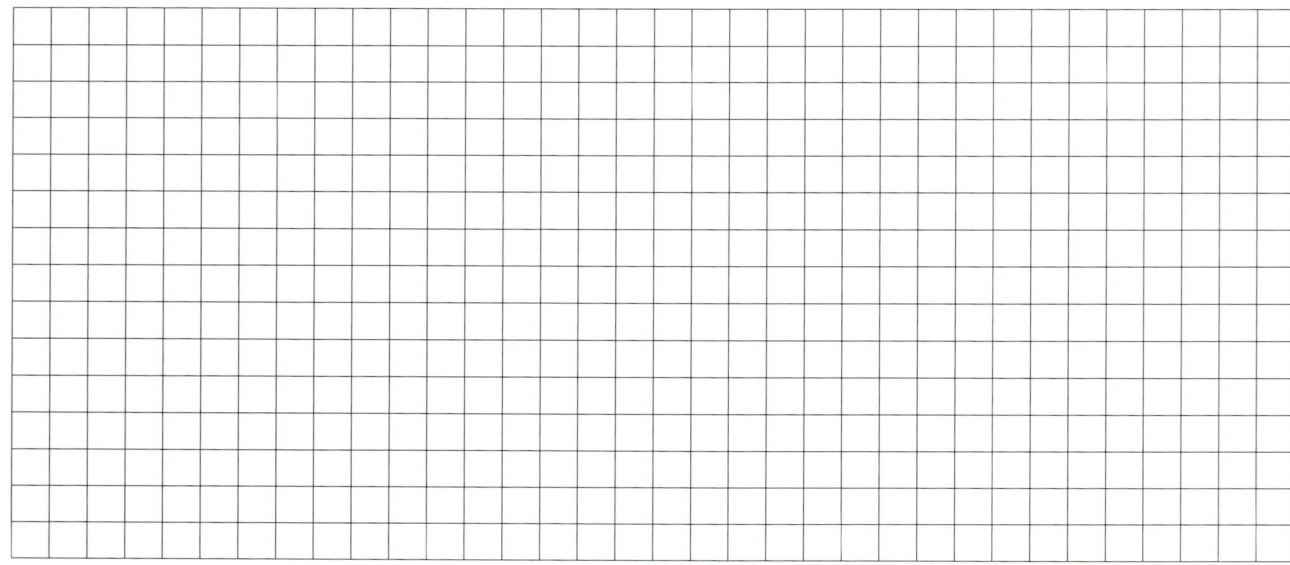

Puzzle zur Addition

Setze die Puzzleteile so aneinander, dass an jeder Additionsaufgabe ihr Ergebnis liegt.
Wenn du meinst, dass sich bei einem Puzzleteil ein Fehler eingeschlichen hat, dann korrigiere ihn.

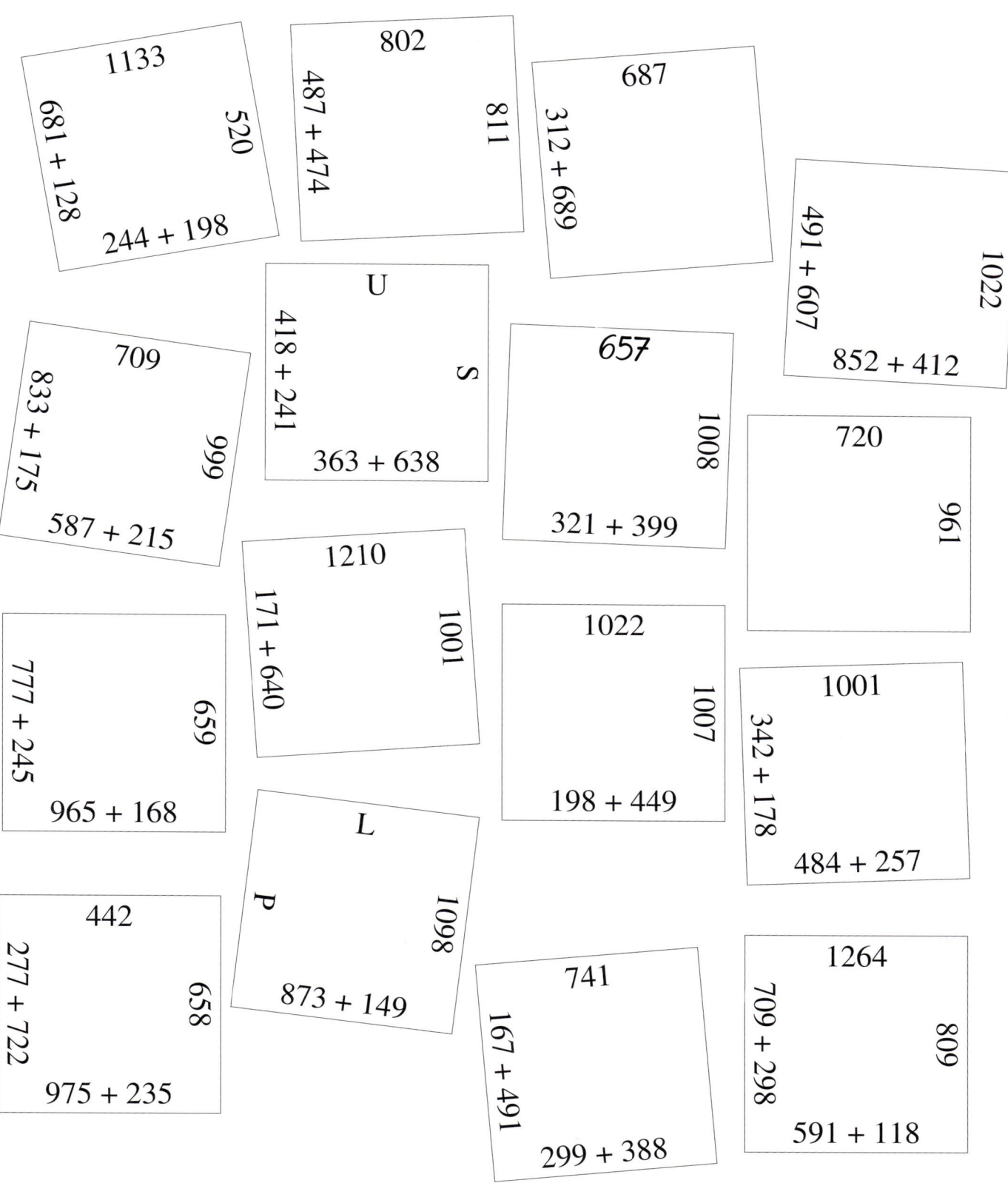

Kreuzzahlrätsel zu Multiplikation und Division

Finde Zahlen, die die Bedingungen aus „Waagrecht" und „Senkrecht" erfüllen,
und trage sie wie in einem Kreuzworträtsel ein.

Waagrecht:

2	7 · 23
4	4 604 · 3
6	450 : 25
7	2 538 : 27
9	79 · 100
10	60 · 85
11	732 : 12
13	1 950 : 30
14	9 891 · 9
17	227 · 4

Senkrecht:

1	41 · 41
2	234 : 18
3	209 : 19
4	1 001 · 18
5	9 · 3 241
6	14 · 14
8	4 455 : 11
12	45 · 89
15	1 584 : 16
16	270 : 15

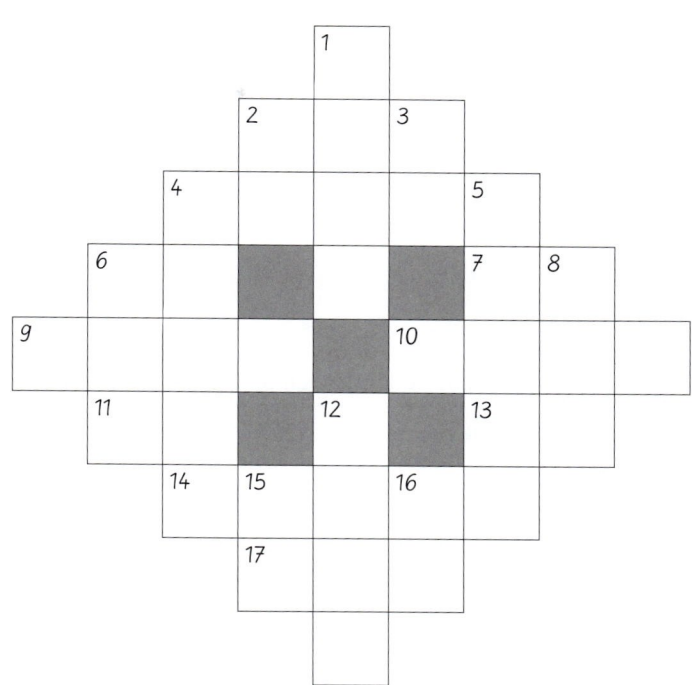

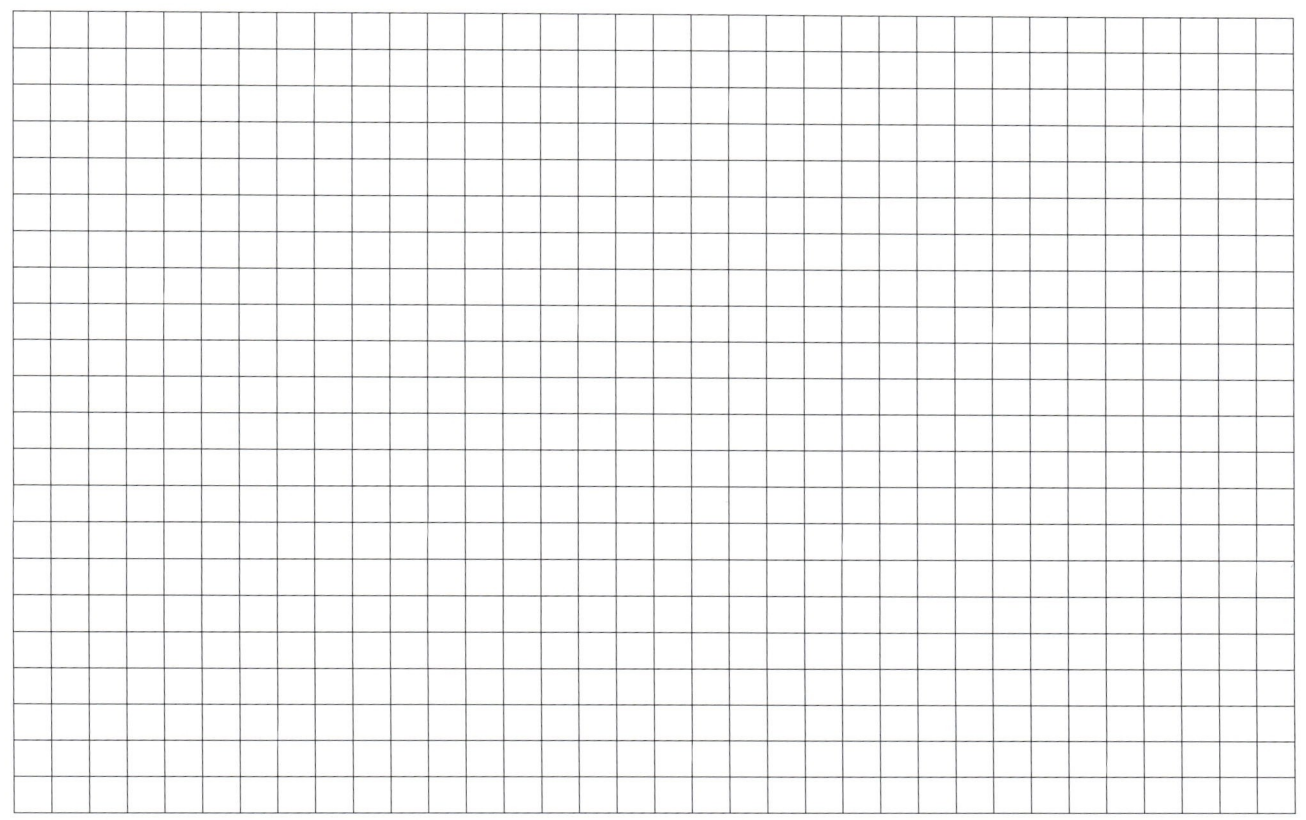

Finde das Sprichwort

Wenn du die Aufgaben nachrechnest und die Aussagen überprüfst, wirst du feststellen, dass einiges richtig, einiges aber falsch angegeben ist. Nimmst du die jeweils passenden Buchstaben und bringst sie in eine sinnvolle Reihenfolge, so erhältst du ein englisches Sprichwort, das du nie vergessen solltest, wenn dir oder anderen Fehler passieren. Korrigiere zusätzlich falsche Aussagen, auch wenn du sofort siehst, dass etwas falsch ist!

	richtig	falsch
445 + 376 + 955 + 624 = 2 500	A	N
Ein Quadrat ist ein Rechteck mit vier gleich langen Seiten.	B	W
Bei der Division 17 024 : 4 bleibt ein Rest.	K	Y
705 l = 70 hl 5 l	L	O
Jeder Würfel hat sechs Seitenflächen und 12 Kanten.	O	A
3 Stunden 12 Minuten = 312 Minuten	J	F
2,05 m = 205 cm	S	H
700 503 - 20 305 = 680 208	L	D
Emmy Noether, die im Jahre MDCCCLXXXII geboren wurde und im Jahre MCMXXXV starb, wurde 63 Jahre alt.	U	T
227 · 35 = 7 942	V	I
26 + 315 + 56 + 5 429 + 923 + 439 = 7 088	G	E
503 mm = 5 m 3 mm	M	P
4 760 Sekunden = 1 Stunde 19 Minuten 20 Sekunden	R	Z
7 t 23 kg = 723 kg	H	C
24 815 : 35 = 709	E	Q

Sprichwort

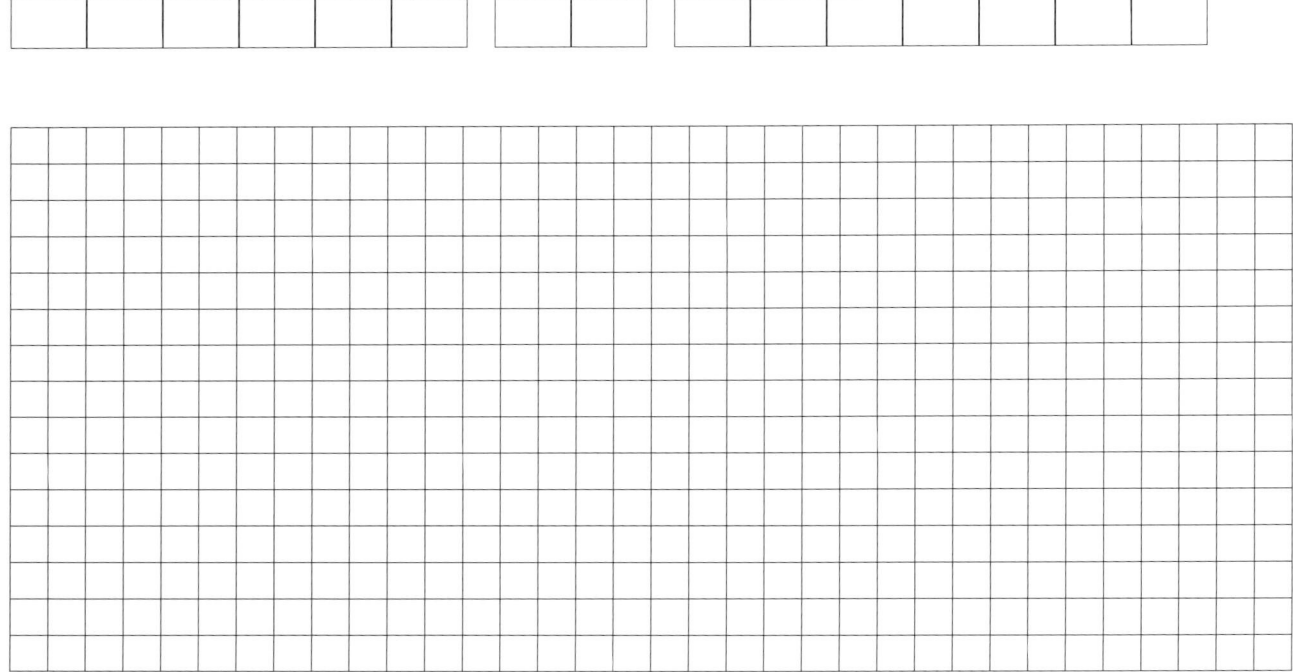

ERSTE SCHULAUFGABE

VORBEREITUNGSPLAN

Du kannst durch Einfärben der Felder deinen eigenen Zeitplan aufstellen. Die gestrichelten Rahmen stellen unseren Vorschlag dar. Kreuze jeweils an, was an welchem Tag erledigt wurde.

Alle Beispiele im Trainer enthalten auch Aufgaben zu Themen, die der Vorbereitungsplan an dieser Stelle nicht nennt. So kannst du mehrfach Inhalte auffrischen.

Hast du Lust dich mit Smileys einzuschätzen? Zeichne diese dann in die entsprechende Zelle.

	1. Tag	2. Tag	3. Tag	4. Tag	5. Tag	6. Tag
Trainer: Erstelle deinen Vorbereitungsplan. Ordne Tage zu.						
Themen: Zahlenstrahl Natürliche Zahlen ordnen Große Zahlen *Heft:* Bearbeite dazu die Aufgaben aus deinem Heft. Löse gegebenenfalls Aufgaben mit Fehlern erneut bzw. zusätzliche Aufgaben.						
Trainer: „Beispiel A – Teil 1"						
Themen: Dezimalsystem Runden Negative ganze Zahlen, Betrag Zahlengerade *Heft:* Bearbeite dazu die Aufgaben aus deinem Heft. Löse gegebenenfalls Aufgaben mit Fehlern erneut bzw. zusätzliche Aufgaben.						
Trainer: „Beispiel A – Teil 2"						
Themen: Ganze Zahlen ordnen Fachbegriffe bei Summen und Differenzen Terme gliedern *Heft:* Bearbeite dazu die Aufgaben aus deinem Heft. Löse gegebenenfalls Aufgaben mit Fehlern erneut bzw. zusätzliche Aufgaben.						
Trainer: „Beispiel B"						
Themen: Natürliche Zahlen addieren und subtrahieren Vorteilhaft addieren und subtrahieren Überschlagsrechnungen *Heft:* Bearbeite dazu die Aufgaben aus deinem Heft. Löse gegebenenfalls Aufgaben mit Fehlern erneut bzw. zusätzliche Aufgaben.						
Trainer: „Beispiel C"						
Löse Aufgaben mit Fehlern erneut bzw. zusätzliche Aufgaben.						
Trainer: „Beispiel D"						
Löse Aufgaben mit Fehlern erneut.						

Viel Erfolg!

Das solltest du wissen

Die natürlichen Zahlen: Veranschaulichen am Zahlenstrahl und Ordnen

➲ Natürliche Zahlen lassen sich am Zahlenstrahl oder einem Ausschnitt davon eintragen. Dabei entscheidet die Wahl der Einheit darüber, ob die Zahlen gut dargestellt und abgelesen werden können.

Beispiel:

Steht 1 cm für 25 Zahlen, so sind 1 700 und 1 775 am Zahlenstrahl 3 cm voneinander entfernt.
Die Null ist auf der Heftseite nicht mehr sichtbar, da sie 68 cm links von 1 700 liegt.

➲ Es ist diejenige Zahl die größere, die am Zahlenstrahl weiter rechts liegt.
Beispiel: $1\,775 > 1\,700$

Die natürlichen Zahlen: Große Zahlen im Dezimalsystem

➲ Die Zahlen im Dezimalsystem bildet man aus den Ziffern 0, 1, 2, 3, 4, 5, 6, 7, 8, 9.
Die Stelle, an der eine Ziffer steht, bestimmt ihren Wert. Damit lassen sich beliebig große Zahlen schreiben, was z.B. im römischen Zahlsystem, das du aus der Grundschule kennst, nicht ohne weiteres möglich ist.
Beispiel: $3\,674 = MMMDCLXXIV$

➲ Große Zahlen kann man mit Hilfe der Stellenwerttafel leicht darstellen und lesen.
Beispiel: 3 050 700 200

Billionen			Milliarden			Millionen			Tausender					
HB	ZB	B	HMd	ZMd	Md	HM	ZM	M	HT	ZT	T	H	Z	E
					3	0	5	0	7	0	0	2	0	0

➲ Die Stufenzahlen des Dezimalsystems kann man als Zehnerpotenzen schreiben.
Der Exponent (auch Hochzahl genannt) gibt an, wie oft die Zahl 10 mit sich selbst multipliziert wird.
Er ist also genauso groß wie die Anzahl der Nullen.
Beispiel: $10\,000\,000 = \underbrace{10 \cdot 10 \cdot 10 \cdot 10 \cdot 10 \cdot 10 \cdot 10}_{7\text{-mal}} = 10^7$ (Der Exponent ist 7.)

➲ Jede natürliche Zahl lässt sich in Worten, mit Stellenwerten oder mit Hilfe von Zehnerpotenzen schreiben. Dabei werden Zahlwörter bis 999 999 klein und zusammengeschrieben, die Zahlwörter Million (10^6), Milliarde (10^9) usw. schreibt man groß.
Beispiel: 3 050 700 200
= drei Milliarden fünfzig Millionen siebenhunderttausendzweihundert
= 3 Md 5 ZM 7 HT 2 H
= $3 \cdot 10^9 + 5 \cdot 10^7 + 7 \cdot 10^5 + 2 \cdot 10^2$

Die natürlichen Zahlen: Runden

➲ Steht unmittelbar hinter der Stelle, auf die gerundet werden soll, eine der Ziffern 0, 1, 2, 3, 4, so wird die Zahl abgerundet und du lässt alle Ziffern unverändert bis einschließlich zu der Stelle, auf die gerundet werden soll. Ist die unmittelbar folgende Ziffer eine 5, 6, 7, 8, 9, so musst du aufrunden.
Die Ziffer an der Rundungsstelle wird dann um eins größer.
Beispiel: $4\,534$ (H) $\approx 4\,500$
$4\,954$ (H) $\approx 5\,000$

➲ Alle auf die Rundungsstelle folgenden Ziffern können wie im Beispiel oben mit 0 angegeben werden, eigentlich solltet du aber Zehnerpotenzen oder Stellenwerte verwenden.
Frage deinen Lehrer, welche Schreibweise er bevorzugt.
Beispiel: $70\,893\,245$ (M) $\approx 71\,000\,000$
$70\,893\,245$ (M) $\approx 71 \cdot 10^6$
$70\,893\,245$ (M) ≈ 71 Millionen

Die ganzen Zahlen: Veranschaulichen an der Zahlengeraden und Ordnen, Betrag einer ganzen Zahl

⟳ Durch Spiegeln an der Null erhält man zu jeder natürlichen Zahl aus $\mathbb{N} = \{1; 2; 3; 4; \ldots\}$ die zugehörige Gegenzahl. Diese Gegenzahlen heißen negative ganze Zahlen.
Beispiel: Gegenzahl von 5 ist -5; Gegenzahl von -3 ist $-(-3) = 3$
Die ganzen Zahlen ($\mathbb{Z}$) bestehen aus den positiven ganze Zahlen ($\mathbb{N}$), der Null und den negativen ganzen Zahlen.

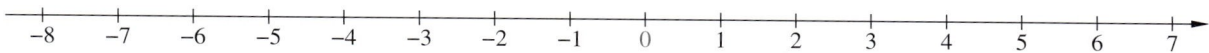

$a \in M$ bedeutet „Die Zahl a ist Element der Menge M." $a \notin M$ bedeutet: „Die Zahl a ist nicht Element der Menge M."
Beispiel: $-3 \in \mathbb{Z}$ und $-3 \notin \mathbb{N}$

⟳ Die größere von zwei Zahlen liegt an der Zahlengeraden weiter rechts.
Beispiel: $3 > -3$

⟳ Der Betrag einer ganzen Zahl ist eine nicht negative Zahl, die angibt, wie weit die Zahl von Null entfernt ist.
Beispiel: $|-7| = 7$

Die natürlichen Zahlen: Summen und Differenzen

⟳ Zusammengehörige Fachwörter sind „addieren" und „Summe" sowie „subtrahieren" und „Differenz".
Beispiel:
„Addiere 2 zu 1." $1 + 2$ ist eine *Summe*, 1 und 2 heißen *Summanden*, 3 ist der Wert der *Summe*.
„Subtrahiere 3 von 5." $5 - 3$ ist eine *Differenz*, 5 heißt *Minuend*, 3 *Subtrahend*, 2 ist der Wert der *Differenz*.
Hinter dem Wörtchen „zu" steht im Befehlssatz der *erste Summand*, hinter dem Wörtchen „von" steht der *Minuend*.

⟳ Summen und Differenzen kann man gliedern. Dabei legt die Rechenart, die zuletzt ausgeführt wird, den Namen des Terms fest.
Beispiel: $3 + (6 - 4)$

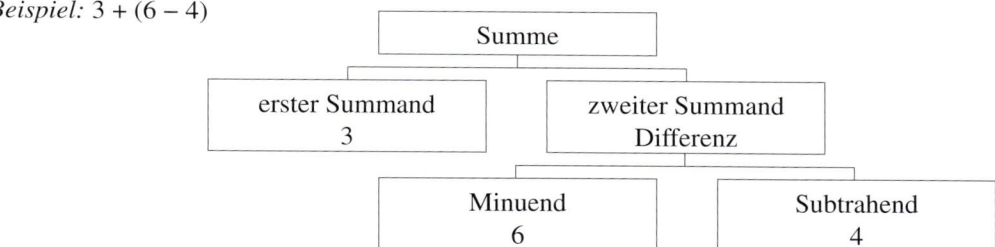

Die natürlichen Zahlen: Vorteilhaft addieren und subtrahieren

⟳ Enthält ein Rechenausdruck gleichzeitig Plus- und Minusglieder, so ist es meist von Vorteil, von der Summe der Plusglieder die Summe der Minusglieder zu subtrahieren.
Beispiel: $100 - 12 + 15 - 6 = (100 + 15) - (12 + 6)$

⟳ In einer Summe darf man beliebig Klammern setzen oder weglassen, ohne dass sich der Wert der Summe ändert (Assoziativgesetz der Addition).
Beispiel: $73 + 12 + 88 = 73 + (12 + 88)$

⟳ In einer Summe darf man die Reihenfolge der Summanden verändern, also z. B. Summanden vertauschen, ohne dass sich der Wert der Summe ändert (Kommutativgesetz der Addition).
Beispiel: $7 + 36 + 64 + 93 = (7 + 93) + (64 + 36)$

⟳ Die zuvor genannten Rechengesetze gelten nur für Summen, nicht aber für Differenzen!
Beispiel: $50 - 9 - 3 = 38$ und $50 - (9 - 3) = 44$, somit hat $50 - 9 - 3$ nicht den gleichen Wert wie $50 - (9 - 3)$.

⟳ Überschlagsrechnungen liefern Näherungswerte für den Wert eines Terms.
Beispiel:
Leni sagt: $5\,248 + 5\,802 = 1\,150$
Überschlagsrechnung: $5\,000 + 6\,000 = 11\,000$ Ihr Ergebnis ist demzufolge falsch.
Tom sagt: $7\,248 - 4\,372 = 2\,786$
Überschlagsrechnung: $7\,000 - 4\,000 = 3\,000$ Sein Ergebnis könnte richtig sein.

BEISPIEL A – TEIL 1

Thema: Veranschaulichen natürlicher Zahlen am Zahlenstrahl und Ordnen

1 Ordne die durch Pfeile gekennzeichneten natürlichen Zahlen der Größe nach.
Verwende das Zeichen „<".

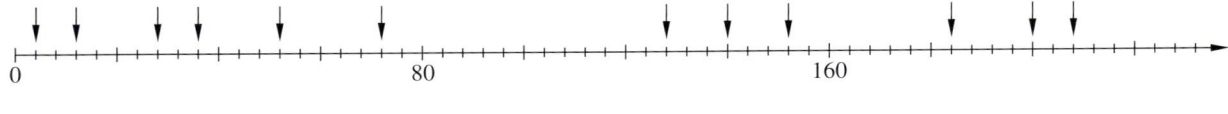

_____

_____

Thema: Zahlen im Dezimalsystem

2 a) Schreibe die Zahl 40 004 404 040 004 in Worten und unter Verwendung von Stellenwerten.

_____

_____

_____

_____

b) Schreibe die Zahl 2B 3HM 3ZT 3T 2E in Ziffern und unter Verwendung von Zehnerpotenzen.

_____

_____

Thema: Runden von natürlichen Zahlen

3 Udo übt das Runden, macht aber noch nicht alles richtig.
Ermittle jeweils das richtige Ergebnis und gib an, was er falsch gemacht hat.

Er rundet auf Tausender: $407\,690 \approx 41 \cdot 10^4$

_____

_____

Er rundet auf Millionen: $30\,467\,805 \approx 31$ Millionen

_____

_____

Er rundet auf Zehntausender: $196\,991 \approx 190\,000$

_____

_____

Thema: Die ganzen Zahlen an der Zahlengeraden

4 a) Erkläre deinem Freund, was man unter den ganzen Zahlen versteht.
       Verwende Fachbegriffe.

_____

_____

_____

_____

_____

_____

b) Trage an der Zahlengeraden die Gegenzahlen und den Betrag von $(+4)$ und von (-5) ein.

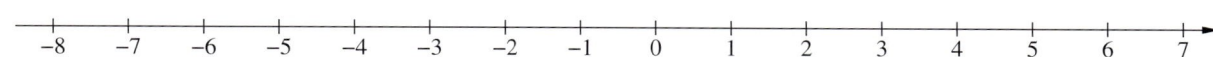

c) Ordne die folgenden Zahlen der Größe nach.
    Verwende das Zeichen „<“.

$-101;\ 10;\ -(-1);\ 11;\ -110$

_____

_____

Arbeitszeit: 25 min   Wertung: 6   6/6   6   2/2/2

BEISPIEL A – TEIL 2

Thema: Die ganzen Zahlen

1   a)   Kreuze an und gib zu jeder falschen Aussage ein Gegenbeispiel an.

„Es gibt keine kleinste natürliche Zahl."

A wahr   B falsch   C nicht zu entscheiden   _____

„Die Differenz einer Zahl und ihrer Gegenzahl ist stets negativ."

A wahr   B falsch   C nicht zu entscheiden   _____

„− 1 ist die größte negative ganze Zahl."

A wahr   B falsch   C nicht zu entscheiden   _____

„Es gibt eine kleinste dreistellige negative ganze Zahl."

A wahr   B falsch   C nicht zu entscheiden   _____

b)   Erkläre, wie du die Zahl ermittelst, die genau in der Mitte zwischen − 27 und 35 liegt.

_____

_____

_____

c)   Nenne alle Zahlen, die auf der Zahlengeraden genau 24 Einheiten von − 15 entfernt liegen.
Begründe dein Ergebnis mithilfe einer Zeichnung.

_____

_____

Thema: Natürliche Zahlen addieren und subtrahieren

2 **a)** Luisa hat begonnen, den Wert eines Terms zu berechnen.
Nenne die von ihr verwendeten Rechengesetze und ermittle den Wert des Terms.

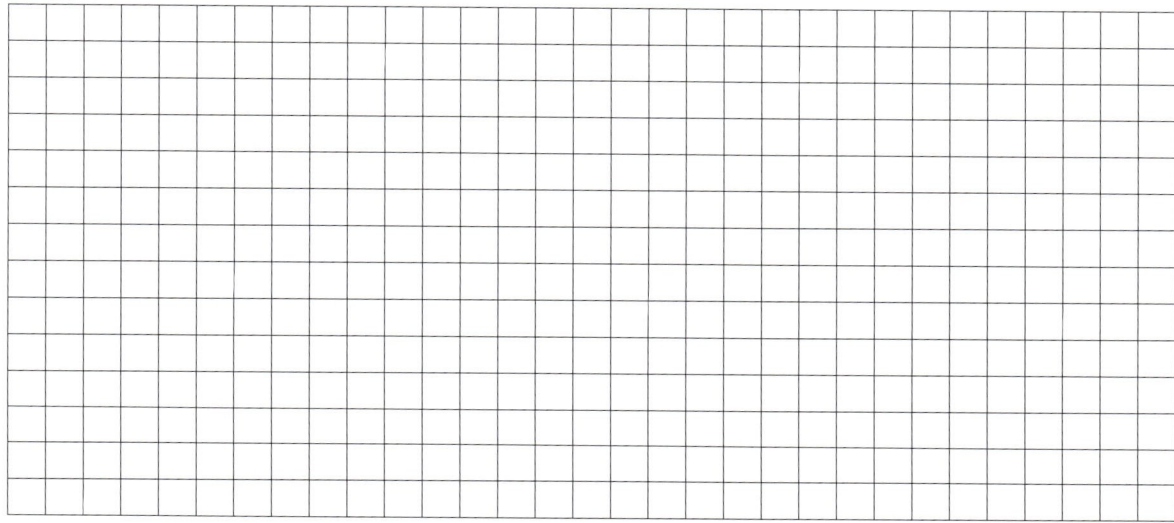

| 2 | + | 3 | 3 | 3 | + | 1 | 6 | 2 | + | 4 | 3 | 8 | + | 6 | 6 | 7 | + | 9 | 8 | |
| = | (2 | + | 9 | 8) | + | (3 | 3 | 3 | + | 6 | 6 | 7) | + | (1 | 6 | 2 | + | 4 | 3 | 8) |

b) Gliedere den Term $(2\,347 + 8\,765) - (10\,807 - 305)$,
überschlage das Ergebnis und berechne seinen Wert.

c) Julian meint: „Wenn ich im Term aus Teilaufgabe b) alle Klammern weglasse, dann ist der Wert um 305 kleiner."
Felix widerspricht: „Ich habe ein noch kleineres Ergebnis erhalten."
Entscheide ohne Rechnung, wer Recht hat und begründe deine Antwort.

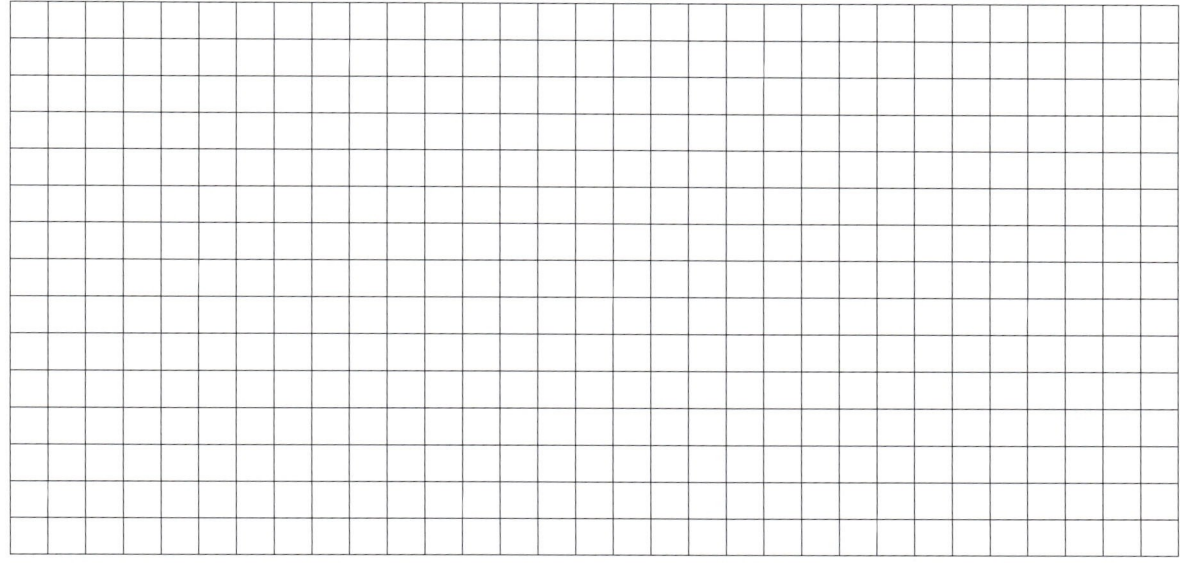

Arbeitszeit: 25 min

Wertung: 4/3/4   7/7/5

19

BEISPIEL B

Thema: Veranschaulichen natürlicher Zahlen am Zahlenstrahl

1 a) Welche Zahlen sind auf dem Zahlenstrahl veranschaulicht?

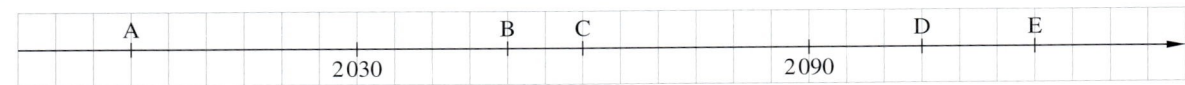

A: _____   B: _____   C: _____

D: _____   E: _____

b) Wähle eine geeignete Einheit auf dem Zahlenstrahl und trage die Zahlen ein.

512; 510; 490; 504; 517; 496

Thema: Darstellen von natürlichen Zahlen im Dezimalsystem

2 Schreibe jeweils die Zahl und ihren Vorgänger mit Ziffern.

a) vierzehn Billiarden sechshundertvier Milliarden zweihundertzwei

_____

_____

b) $6 \cdot 10^9 + 5 \cdot 10^5 + 7\,000$

_____

_____

Thema: Runden von natürlichen Zahlen

3 In einer Zeitung war zu lesen: „Vom 30. Mai bis 3. Juni 2013 fielen auf ganz Deutschland 22.750.000.000.000
Liter Regen – und es kommt noch mehr".
Helene staunt: „Das sind ja etwa 22 Milliarden Liter."
Schreibe einen Text, in dem du ihr erläuterst, warum sie mit dieser Aussage nicht Recht hat.

_____

_____

_____

_____

Arbeitszeit: 20 min   Wertung: 5/7   3/3   3

Thema: Betrag einer ganzen Zahl

4 a) Setze das richtige Zeichen ∈ oder ∉ ein.

-1 _____ Z 0 _____ N -4 _____ N 3 _____ N

b) Erläutere an zwei Beispielen, dass negative Zahlen gut zur Beschreibung alltäglicher Sachverhalte geeignet sind.

_____

_____

_____

_____

c) Gabriel hat in der Schule gelernt, dass der Betrag einer ganzen Zahl a eine Zahl ist, die den Abstand von a zur 0 angibt. Er erklärt Carla, dass der Betrag von -4 die Zahl 4 ist.
Carla meint: „Dann ist ja der Betrag einer ganzen Zahl immer größer als die Zahl selbst."
Gabriel antwortet: „Da gibt es aber unendlich viele Zahlen, für die das nicht so ist."
Entscheide und begründe, wer von beiden Recht hat.

_____

_____

_____

_____

Thema: Addieren und subtrahieren natürlicher Zahlen

5 Gliedere den Term $365 - [(181 - 60) + 28]$, überschlage das Ergebnis und berechne seinen Wert.

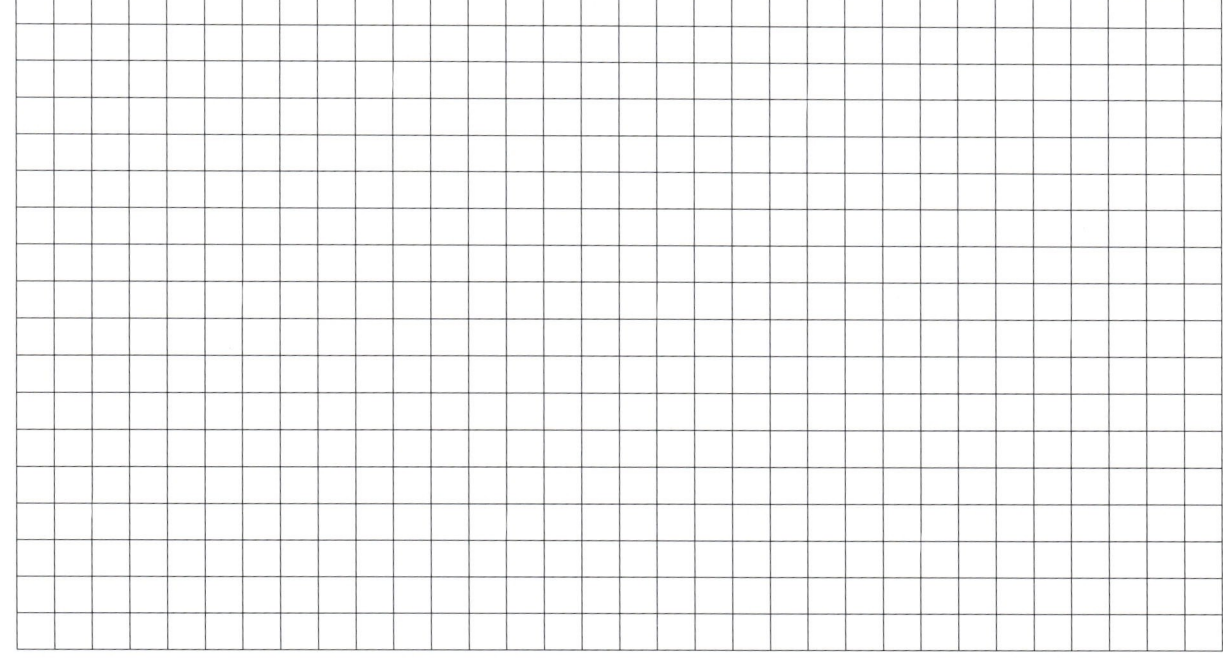

Arbeitszeit: 20 min   Wertung: 4/4/3   10

BEISPIEL C

Thema: Veranschaulichen natürlicher Zahlen am Zahlenstrahl

1 a) Wähle eine geeignete Einheit und stelle die Zahlen 1 775, 1 900 und 2 400 am Zahlenstrahl so dar, dass alle drei Zahlen gut sichtbar eingetragen werden können.
Gib an, wie viel Zentimeter bei deinem Zahlenstrahl die Zahl 1 750 von der Null entfernt ist.

b) Ordne die vier Zahlen der Größe nach.
Beginne mit der größten Zahl und verwende das jeweils passende Zeichen „>" oder „≥".

$2 \cdot 10^7 + 5 \cdot 10^5$; $2\,200\,500\,000$; $20\,500\,000$; $25 \cdot 10^6$

Thema: Die ganzen Zahlen

2 a) Erkläre, was man unter dem Betrag einer ganzen Zahl versteht.

b) Gib die drittkleinste negative zweistellige ganze Zahl an.

c) Streiche aus der Zahl $-805\,643$ drei Ziffern so weg, dass eine möglichst große dreistellige Zahl entsteht.
Begründe deine Auswahl.

– 8 0 5 6 4 3

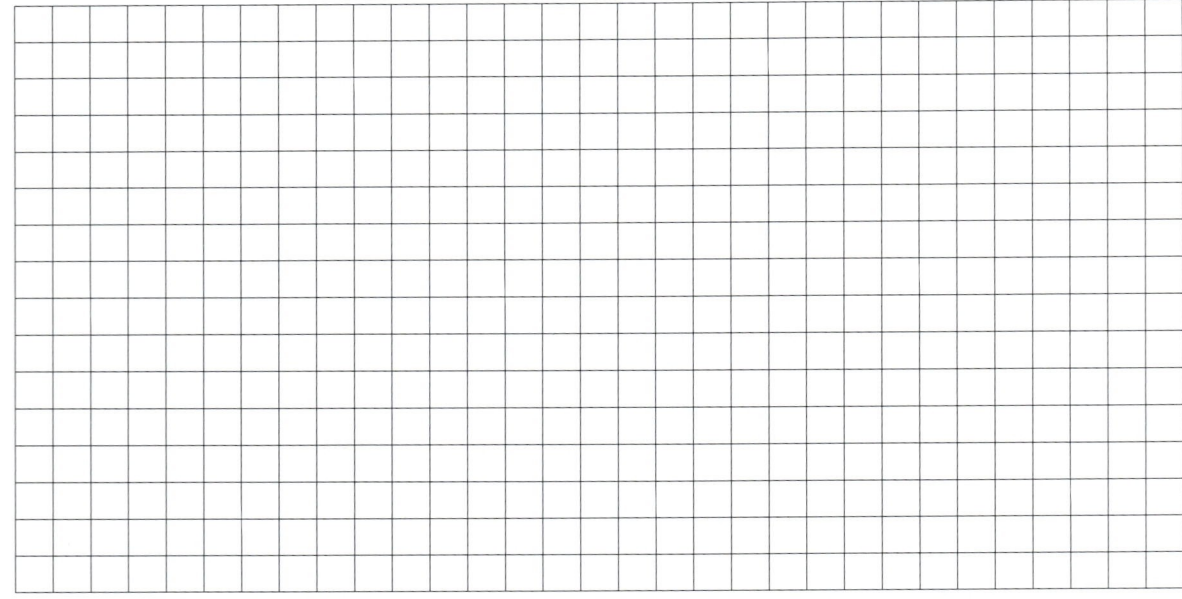

Thema: Natürliche Zahlen addieren und subtrahieren

3 **a)** Berechne möglichst vorteilhaft den Wert des Terms $7\,354 - 2\,856 + 646 - 1\,073 - 144$.
Gib eine verwendete Rechenregel in Worten an.

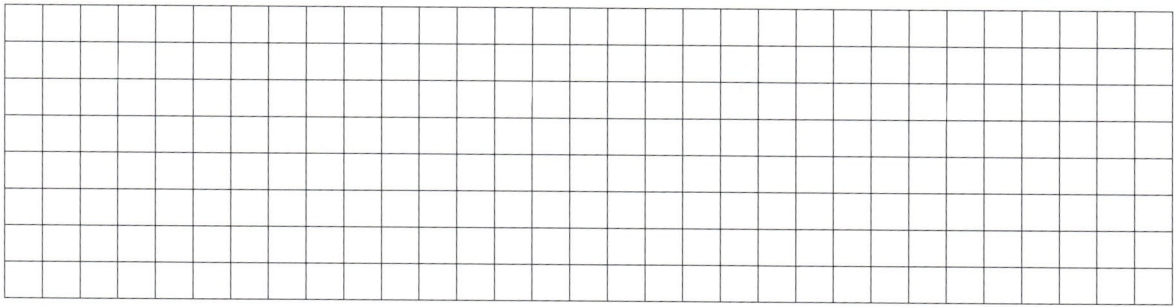

b) Entscheide mit Hilfe einer geeigneten Überschlagsrechnung, welches der drei Ergebnisse als Wert des Terms $778\,346 + 444 + 609\,428 + 816\,000$ in Frage kommt.
Gib deine Überlegungen und die entsprechende Überschlagsrechnung an.

A $2\,004\,218$ 　　　　 B $2\,204\,218$ 　　　　 C $2\,404\,218$

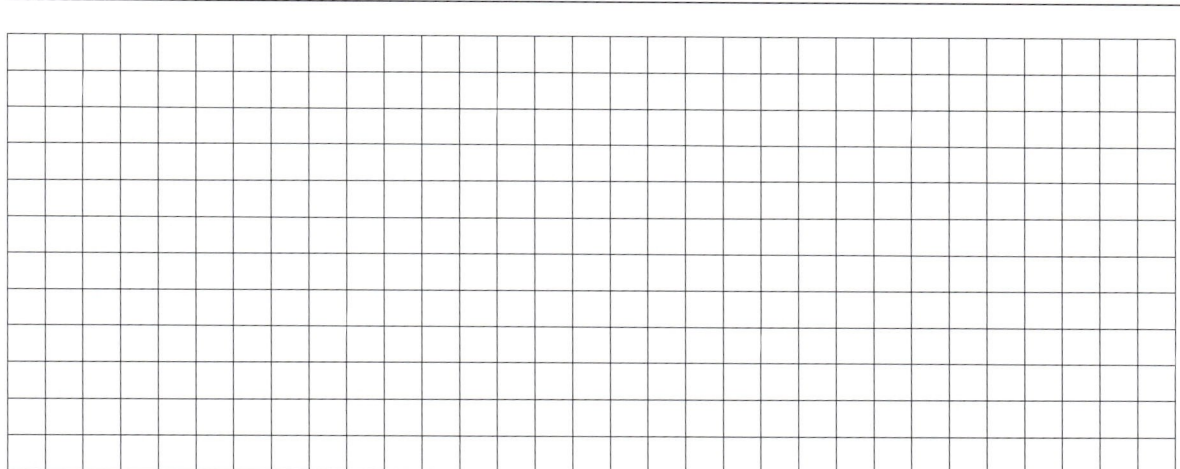

c) Berechne, um wie viel 400 Milliarden größer als der Vorgänger von $4 \cdot 10^{10} + 2 \cdot 10^8 + 3 \cdot 10^3$ ist.

Arbeitszeit: 40 min 　　　　　　　　　　　　　　Wertung: 7/6 　　2/2/3 　　7/6/6

BEISPIEL D

Thema: Veranschaulichen natürlicher Zahlen am Zahlenstrahl

1 Die Zahlen 495 und 519 liegen auf einem Zahlenstrahl 12 cm voneinander entfernt.
  a) Zeichne diesen Strahl und kennzeichne darauf die Zahlen 511, 504, 517, 498 und 500.
  b) Amelie meint: „Genau in der Mitte zwischen 498 und 519 kann man keine natürliche Zahl eingetragen." Begründe, ob Amelie Recht hat.

Thema: Die ganzen Zahlen

2 a) Ordne die Zahlen der Größe nach.
    Verwende das Zeichen „>".

    $+305;\ -503;\ 0;\ -(-502);\ -305;\ -1$

  b) Vervollständige wie im Beispiel.   Beispiel: „3 ist um 1 größer als 2."

    „-14 ist um … als 14."

    „-13 ist um … als -121."

  c) Bestätige oder widerlege die Aussage. Begründe deine Antwort.

    „Jede von Null verschiedene ganze Zahl ist größer als ihre Gegenzahl."

Thema: Natürliche Zahlen addieren und subtrahieren

3 a) Formuliere zum Term einen Befehlssatz.
    Schreibe darin alle Zahlen in Worten.

    $(7 \cdot 10^8 + 2 \cdot 10^7) - (217 + 700\,000\,000)$

  b) Während der Überschwemmung im Juni 2013 fielen in Deutschland vom 30. Mai bis zum 03. Juni etwa 22 750 Milliarden Liter Regen. In Bayern waren es nur etwa 8,28 Billionen Liter.
    Berechne, wie viele Liter Regen insgesamt in den anderen Bundesländern gefallen sind.

Thema: Vorteilhaftes Rechnen

4 a) Nenne alle Fehler, die passiert sind. Berechne das richtige Ergebnis.

    $704 - 78 - 28 = 704 - 50 = 204$

  b) Berechne möglichst vorteilhaft.

    $70\,503 - 2\,025 - 7\,053 + 497 - 947 - 75$

Arbeitszeit: 45 min   Wertung: 8/2   5/4/3   6/4   5/5

ZWEITE SCHULAUFGABE

VORBEREITUNGSPLAN

Du kannst durch Einfärben der Felder deinen eigenen Zeitplan aufstellen. Die gestrichelten Rahmen stellen unseren Vorschlag dar. Kreuze jeweils an, was an welchem Tag erledigt wurde.

Alle Beispiele im Trainer enthalten auch Aufgaben zu Themen, die der Vorbereitungsplan an dieser Stelle nicht nennt. So kannst du mehrfach Inhalte auffrischen.

Hast du Lust dich mit Smileys einzuschätzen? Zeichne diese dann in die entsprechende Zelle.

	1. Tag	2. Tag	3. Tag	4. Tag	5. Tag	6. Tag
Trainer: Erstelle deinen Vorbereitungsplan. Ordne Tage zu.						
Themen: Ganze Zahlen addieren Ganze Zahlen subtrahieren Gleichungen mit Platzhaltern *Heft:* Bearbeite dazu die Aufgaben aus deinem Heft. Löse gegebenenfalls Aufgaben mit Fehlern erneut bzw. zusätzliche Aufgaben.						
Trainer: „Beispiel A – Teil 1"						
Themen: Fachbegriffe und Befehlssätze Terme gliedern Vorteilhaftes Rechnen *Heft:* Bearbeite dazu die Aufgaben aus deinem Heft. Löse gegebenenfalls Aufgaben mit Fehlern erneut bzw. zusätzliche Aufgaben.						
Trainer: „Beispiel A – Teil 2"						
Themen: Begründen und Argumentieren Punkte im Koordinatensystem Strecken, Geraden, Kreislinien *Heft:* Bearbeite dazu die Aufgaben aus deinem Heft. Löse gegebenenfalls Aufgaben mit Fehlern erneut bzw. zusätzliche Aufgaben.						
Trainer: „Beispiel B"						
Themen: Lagebeziehungen (Lote, Parallelen, Tangenten) Rechteck und Quadrat Parallelogramm, Drachenviereck, Trapez *Heft:* Bearbeite dazu die Aufgaben aus deinem Heft. Löse gegebenenfalls Aufgaben mit Fehlern erneut bzw. zusätzliche Aufgaben.						
Trainer: „Beispiel C"						
Löse Aufgaben mit Fehlern erneut bzw. zusätzliche Aufgaben.						
Trainer: „Beispiel D"						
Löse Aufgaben mit Fehlern erneut.						

Viel Erfolg!

DAS SOLLTEST DU WISSEN

Die ganzen Zahlen: Addieren und Subtrahieren

⮑ Die Summe zweier positiver Zahlen ist die Summe zweier natürlicher Zahlen.
Beispiel: $(+5) + (+18) = 5 + 18 = 23$

⮑ Addieren einer positiven Zahl bedeutet auf der Zahlengeraden nach rechts wandern.
Beispiel:

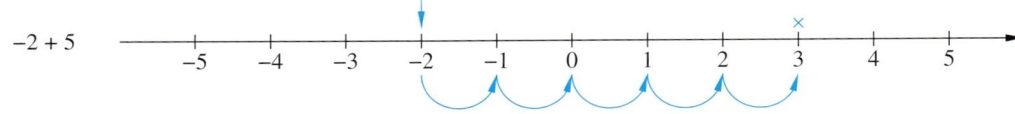

$-2 + 5$

⮑ Addieren einer negativen Zahl bedeutet auf der Zahlengeraden nach links wandern.
Beispiel: $4 + (-7)$

⮑ Subtrahieren einer Zahl ist gleichbedeutend mit dem Addieren ihrer Gegenzahl.
Beispiel: $47 - (-73) = 47 + 73 = 120$

⮑ Für den Wert der Summe einer positiven und einer negativen Zahl gilt:
Ist der Betrag der positiven Zahl größer als der Betrag der negativen Zahl, so ist das Ergebnis positiv.
Subtrahiere in diesem Fall von der positiven Zahl den Betrag der negativen Zahl.
Beispiel: $(-5) + (+8) = (-8) + 5 = 8 - 5 = 3$
Ist der Betrag der negativen Zahl größer als der Betrag der positiven Zahl, so ist das Ergebnis negativ.
Subtrahiere vom Betrag der negativen Zahl den positiven Summanden. Das Ergebnis erhält ein Minuszeichen.
Beispiel: $(-8) + (+5) = (-8) + 5 = -(8 - 5) = -3$

⮑ Für Summen ganzer Zahlen gelten Assoziativgesetz und Kommutativgesetz wie bei den natürlichen Zahlen.
Beispiel: $(-7) + 93 + (-13) = 93 + (-7) + (-13) = -7 + 93 - 13 = 93 - (7 + 13) = 93 - 20 = 73$

⮑ Gleichungen mit Platzhalten kannst du mithilfe der Umkehraufgabe oder durch systematisches Probieren lösen.
Beispiel: $65 + \square = 43$ Umkehraufgabe ist $43 - 65 = -(65 - 43) = -22$

Die ganzen Zahlen: Begründen und Argumentieren

⮑ Eine Aussage ist falsch, wenn du ein einziges Beispiel dafür findest, dass sie nicht stimmt.
Beispiel: Aussage: „Die Differenz aus einer ganzen Zahl und ihrer Gegenzahl ist immer null."
Gegenbeispiel: $(+2) - (-2) = 4$. Die Aussage ist somit falsch.

⮑ Eine Aussage ist wahr, wenn man sie z. B. mit Hilfe von Rechenregeln begründen kann.
Beispiel: Aussage: „Der Wert der Summe $(-36\,754) + (-12 \cdot 10^5)$ ist kleiner als jeder Summand."
Begründung: Beim Addieren negativer Zahlen wandert man auf der Zahlengeraden nach links.

Grundbegriffe der Geometrie: Zeichnen im Koordinatensystem

⮑ Punkte werden mit Koordinaten angegeben.
Beispiel: $A(-3|3)$, $B(1|0)$, $C(4|-1)$, $D(-3|-2)$

⮑ Eine Strecke ist die geradlinige Verbindung zweier Punkte.
Beispiel: $\overline{AB}$

⮑ Verlängert man eine Strecke über die beiden Endpunkte hinaus, so entsteht eine Gerade.
Beispiel: CD

⮑ Verlängert man die Strecke nur über einen ihrer Endpunkte hinaus, so entsteht eine Halbgerade.
Beispiel: $[AC$

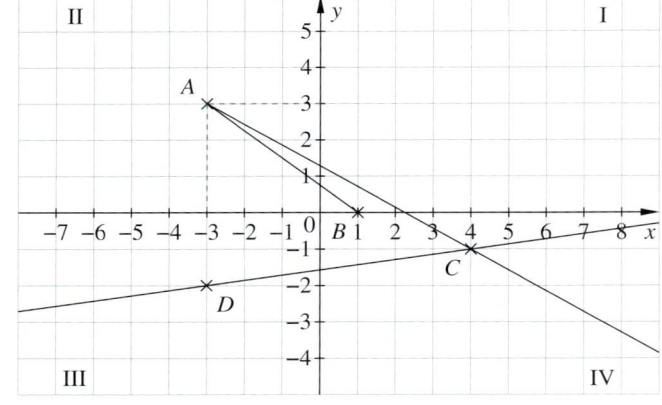

Grundbegriffe der Geometrie: Lote, Parallelen und Abstände

⊃ Lote und Parallelen zeichnet man mit den Hilfslinien des Geodreiecks.
Beispiel: e ist senkrecht zu f (kurz: $e \perp f$). g ist parallel zu h (kurz: $g \| h$).
   e heißt Lot zu f.

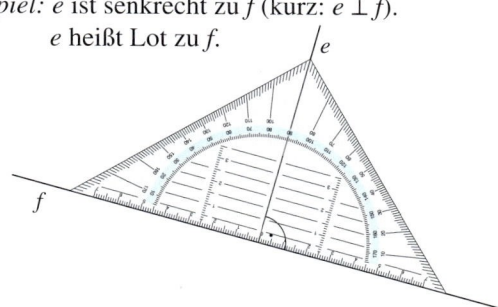 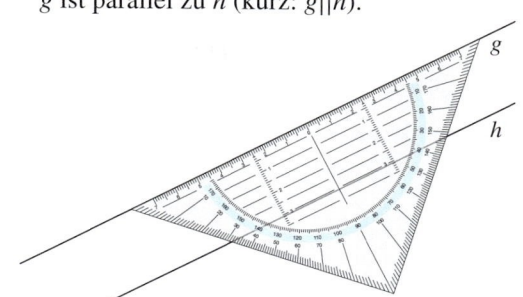

⊃ Die Länge einer Strecke $\overline{AB}$ entspricht dem Abstand d der Punkte A und B.
$d = |\overline{AB}|$ (d steht für „distance".)
Beispiel: $|\overline{AB}| = 25\,\text{mm}$ (siehe Koordinatensystem auf der vorhergehenden Seite)

⊃ Der Abstand eines Punktes P von einer Geraden g ist die Länge der Lotstrecke von P zu g.
Beispiel: $d(B; CD) = 7\,\text{mm}$ (siehe Koordinatensystem auf der vorhergehenden Seite).

Grundbegriffe der Geometrie: Kreis, Rechteck und Quadrat

⊃ Alle Punkte im Koordinatensystem, die von einem Punkt M dieselbe Entfernung r haben, liegen auf der Kreislinie (kurz: dem Kreis) um M mit Radius r. Symbolische Schreibweise: $k(M; r)$
Die Länge der Verbindungsstrecke zweier verschiedener Kreispunkte durch den Kreismittelpunkt bezeichnet man als Durchmesser d.

Beispiel:

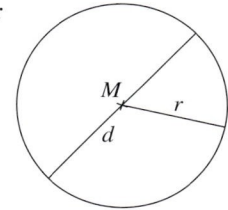

Kreis und Gerade können einen Punkt (Tangente), zwei Punkte (Sekante) oder gar keinen Punkt (Passante) gemeinsam haben.
Die Tangente berührt den Kreis in genau einem Punkt.
Die Verbindungsstrecke von Berührpunkt und Mittelpunkt des Kreises steht senkrecht auf der Tangente.

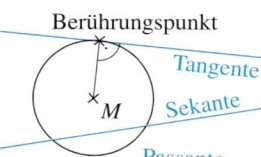

⊃ Ein Rechteck ist ein Viereck, in dem aneinandergrenzende Seiten zueinander senkrecht sind.
Ein Quadrat ist ein Rechteck mit vier gleich langen Seiten.

Beispiel:

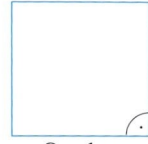 

Quadrat   Rechteck

⊃ Ein Parallelogramm ist ein Viereck, in dem gegenüberliegende Seiten zueinander parallel sind.
Eine Raute ist ein Parallelogramm mit vier gleich langen Seiten.

⊃ Ein Drachenviereck ist ein Viereck, in dem jeweils zwei benachbarte Seiten gleich lang sind, die einen Eckpunkt auf der Symmetrieachse gemeinsam haben.
Ein Trapez ist ein Viereck, in dem zwei gegenüberliegende Seiten zueinander parallel sind.

Beispiel:

  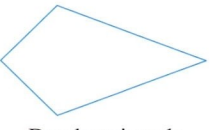  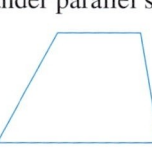

Parallelogramm   Raute   Drachenviereck   Trapez

⊃ Jedes Quadrat ist ein Rechteck, ein Parallelogramm und eine Raute; selbstverständlich auch ein Drachenviereck und ein Trapez.

BEISPIEL A – TEIL 1

Thema: Ganze Zahlen addieren und subtrahieren

1 a) Beschreibe an einem Sachzusammenhang aus dem Alltag, wie man zwei negative ganze Zahlen addiert.

_____

_____

_____

_____

_____

b) Gib einen Term an und berechne seinen Wert.

„Subtrahiere die Summe aus -11 und -89 von der Differenz aus 37 und -63."

_____

_____

_____

c) Entscheide mit Hilfe einer Überschlagsrechnung, welchen Wert der Term

$(31 + 96) - [81 - (83 + 146)]$

haben kann und kreuze an. Bestätige durch eine Rechnung den angegebenen Wert.

A -17 B -183 C 275

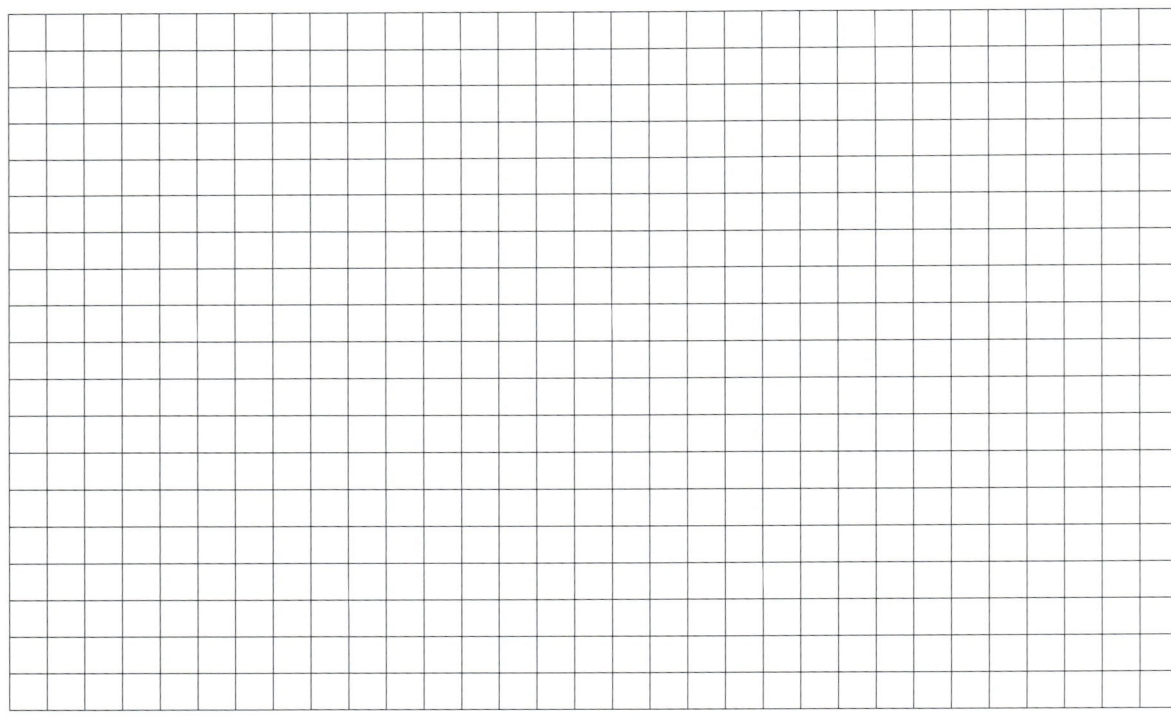

Thema: Begründen und Argumentieren

2 **a)** Begründe sorgfältig ohne zu rechnen, dass jede der folgenden Aufgaben falsch gelöst wurde.

I. $(-355) + (-645) = 1\,000$

_____

_____

_____

_____

II. $(-355) - (-675) = -320$

_____

_____

_____

III. $1\,325 - (-675) = -750$

_____

_____

_____

_____

b) Wie ändert sich der Wert des Terms $10^6 - (754\,997 - 2 \cdot 10^5)$,
wenn man jeden der darin vorkommenden Teilterme um 2 verkleinert?
Begründe deine Antwort ohne den Wert des Terms auszurechnen. Verwende dabei Fachbegriffe.

_____

_____

_____

_____

_____

_____

Arbeitszeit: 20 min

Wertung: 3/5/4   4/2

BEISPIEL A – TEIL 2

Thema: Ganze Zahlen addieren und subtrahieren

1 a) Ergänze richtig. Belege deine Antwort durch eine Rechnung.

____ + (−32) = −14 _____

_____

−32 − ____ = 15 _____

_____

33 + ____ = −18 _____

_____

____ − 67 = −89 _____

_____

b) Stelle einen Term auf und gliedere ihn. Seinen Wert sollst du nicht berechnen!

„Subtrahiere die Differenz mit dem Subtrahenden 22 und dem Minuenden − 304
von der Summe aus 4 und der Gegenzahl von 703."

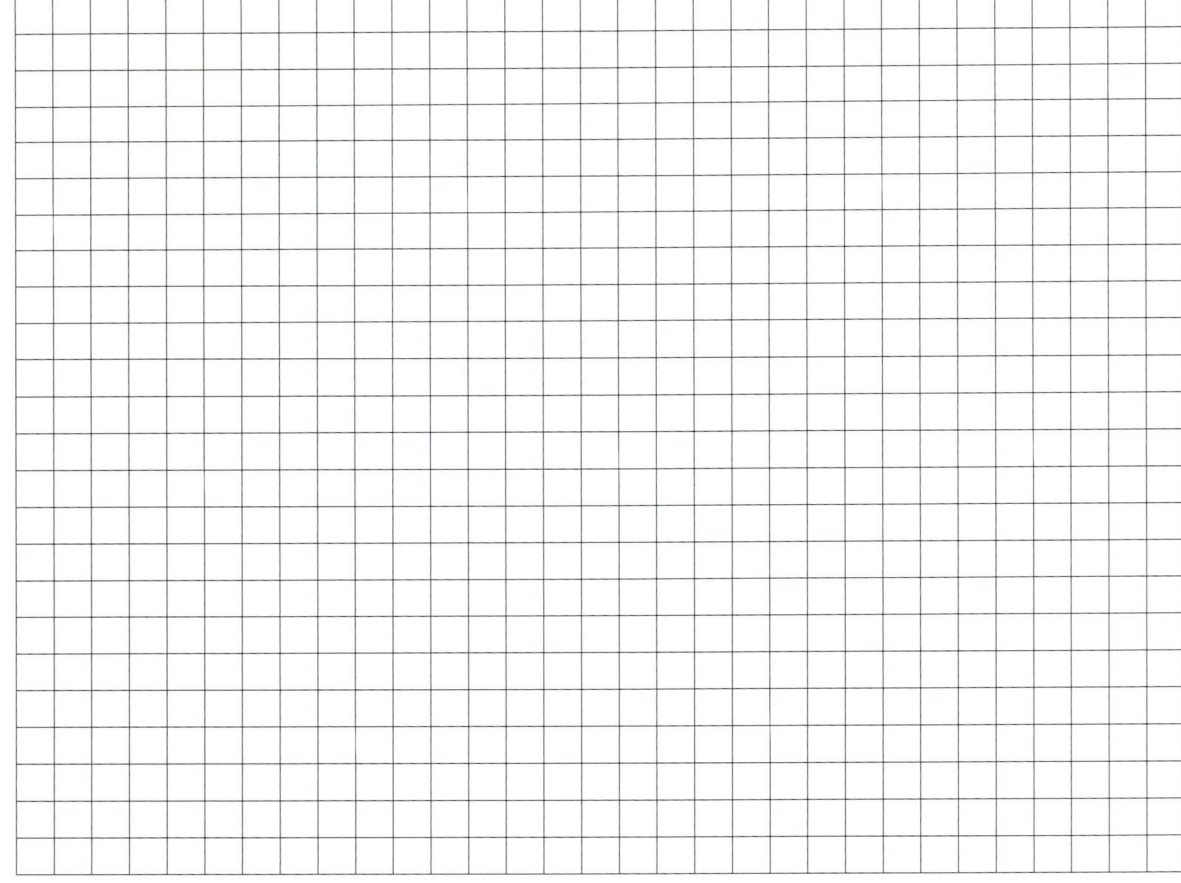

Thema: Zeichnen im Koordinatensystem

2 Gegeben sind die Punkte $A\,(2\,|\,1)$, $B\,(-3\,|\,-2)$, $C\,(4\,|\,-3)$, $D\,(-5\,|\,4)$ und $T\,(1\,|\,6)$.

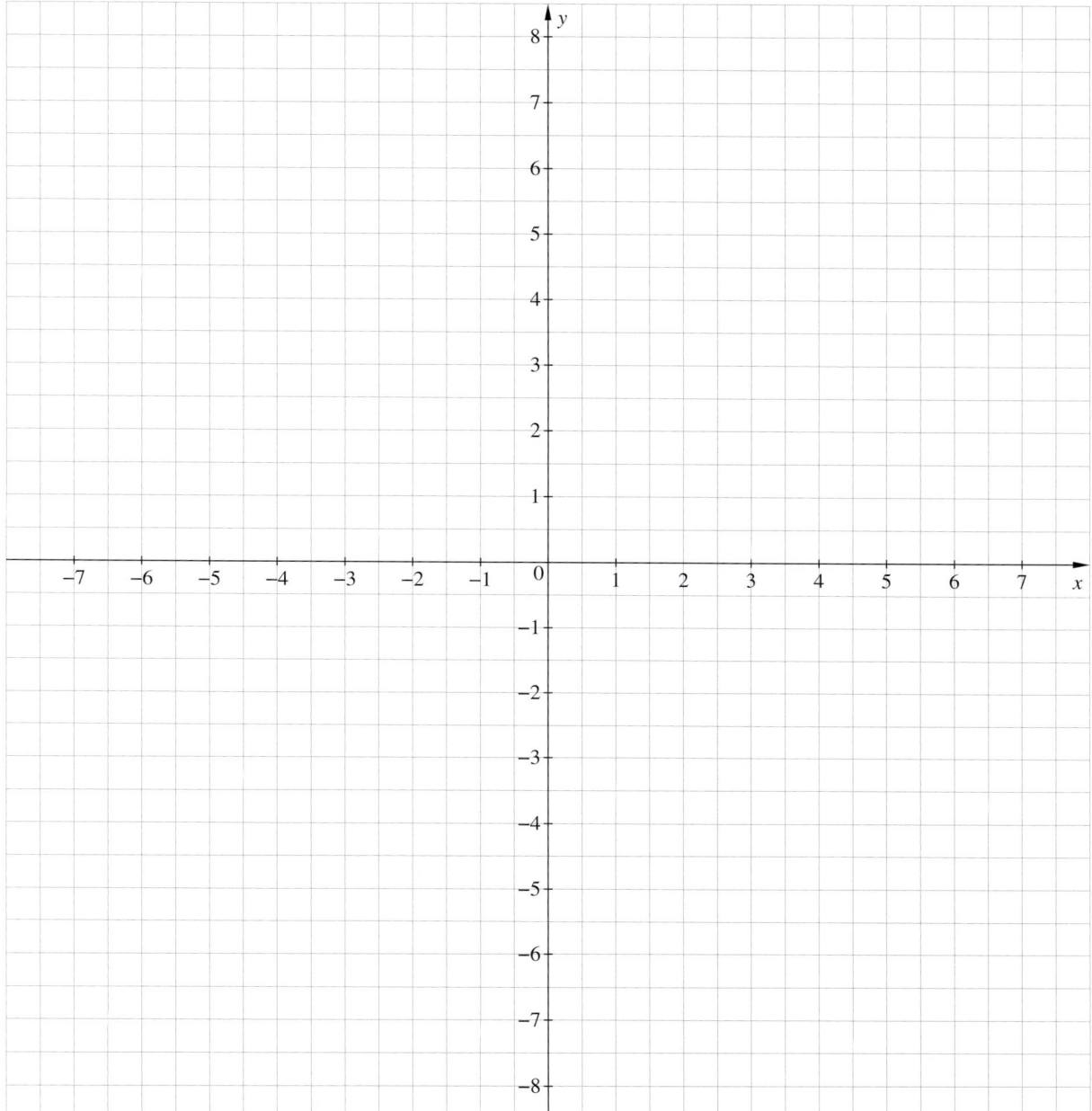

a) Trage die Punkte in das Koordinatensystem ein und zeichne $g = AC$, $h = [BA$ und $\overline{DB}$.
   Gib die Koordinaten des Punktes an, in dem g die y-Achse schneidet. _____

b) Zeichne das Lot von T auf $[BA$ und miss den Abstand d von T und h.
   Trage d auch ein. _____

c) Zeichne die Parallele zu g durch den Ursprung.

d) Zeichne einen Kreis um B durch A.
   Entscheide, ob g Tangente an diesen Kreis ist. Begründe deine Entscheidung.

_____

_____

Arbeitszeit: 25 min

Wertung: 4/6   6/3/2/3

BEISPIEL B

Thema: Gleichungen

1 a) Ermittle jeweils die passenden Zahlen für den Platzhalter.

$\square + 417 = 753$ _____

$8\,743 - \square = 6\,854$ _____

$\square - 417 = 753$ _____

b) Beschreibe, was die Aufgabe $782 + \square = 214$ grundlegend von den Aufgaben in a) unterscheidet. Bestimme auch hier den passenden Wert für den Platzhalter.

_____

_____

_____

Thema: Ganze Zahlen addieren und subtrahieren

2 a) Berechne möglichst vorteilhaft.

$714 - 27 - 415 + 23 + 86 - 585$

_____

_____

_____

_____

b) Gib einen Term an und berechne seinen Wert.

„Addiere die Summe aus 37 und -214 zu der Differenz aus der Zahl 2 und der Gegenzahl von -477.“

_____

_____

_____

_____

_____

_____

Arbeitszeit: 25 min   Wertung: 6/3   6/6

Thema: Zeichnen im Koordinatensystem

3 Gegeben sind die Punkte $A(2|2)$, $B(-2|3)$ und $C(0|4)$.

a) Zeichne die Punkte A, B und C sowie die Gerade g durch A und B und das Lot l zu g, das durch A verläuft, in das Koordinatensystem ein.

b) Gib die Koordinaten des Punktes P an, in dem l die y-Achse schneidet. Miss den Abstand d von C und g. Zeichne d auch ein.

_____

c) Zeichne zwei verschiedene Parallelogramme, die A, B und C als Eckpunkte besitzen. Untersuche, ob eines dieser beiden Parallelogramme eine Symmetrieachse besitzt.

_____

_____

d) Zeichne den Kreis $k(C; r = |\overline{CB}|)$ und miss den Durchmesser.

_____

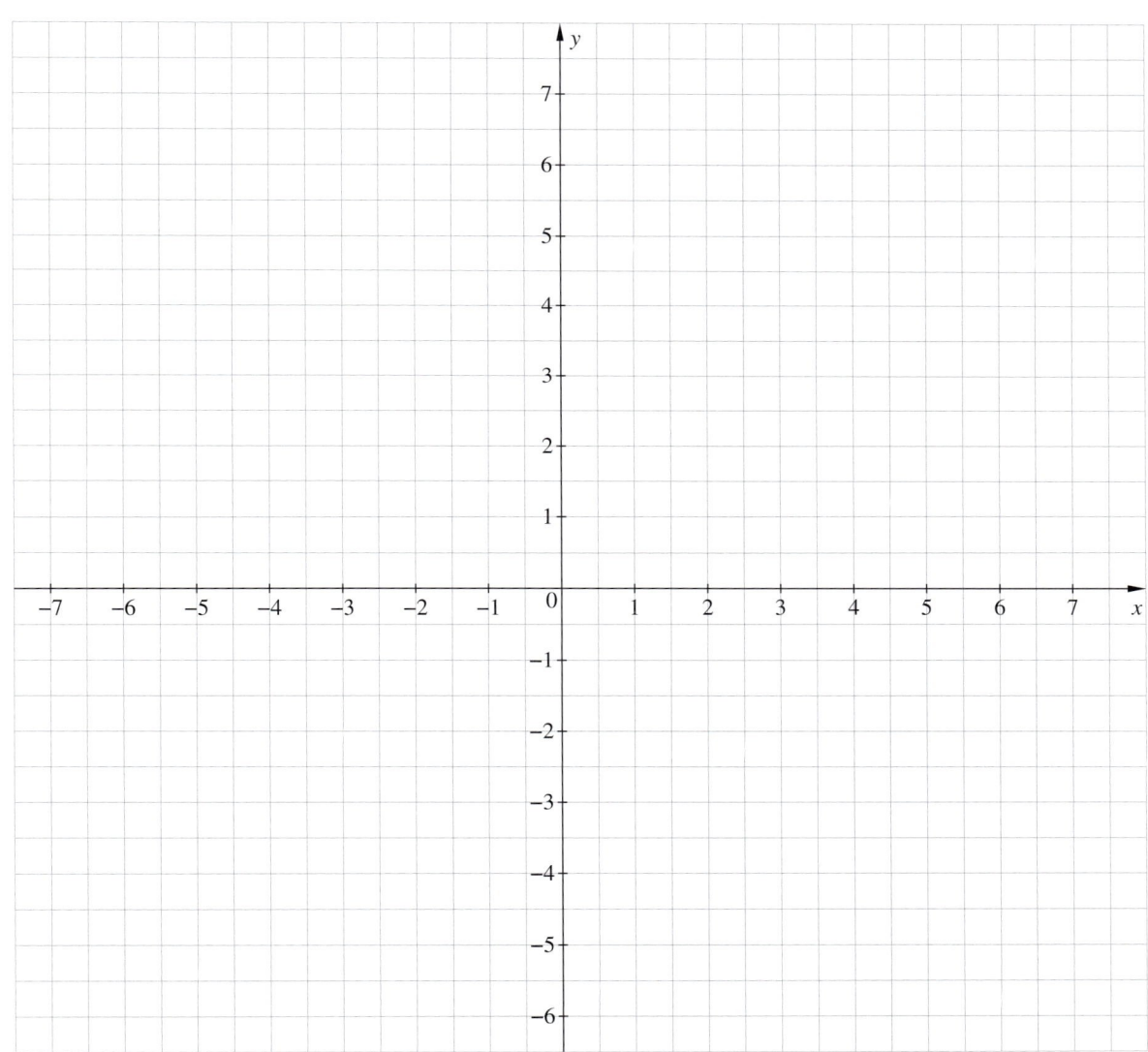

Arbeitszeit: 20 min

Wertung: 6/3/4/5

BEISPIEL C

Thema: Ganze Zahlen addieren und subtrahieren

1 a) Bilde mit den Zahlen 35; − 55; 60; − 80 sowie den Rechenzeichen „+" und „−" einen Term mit dem Wert 0.

_____

_____

  b) Nenne drei aufeinanderfolgende ganze Zahlen, deren Summe den Wert − 120 hat.
     Beschreibe, wie du vorgegangen bist.

_____

_____

  c) Berechne den Wert des Terms.

     $711 + [436 − (−218 − (−654))] − 813$

_____

_____

_____

_____

Thema: Begründen und Argumentieren

2 a) Begründe ohne Rechnung, weshalb die folgenden Ergebnisse sicher falsch sind.

     I. $(−457) + (−347) = 804$

_____

_____

     II. $(−457) − (−587) = − 130$

_____

_____

  b) Gib für die folgende Aussage ein Beispiel an und begründe an der Zahlengeraden.

     „Der Wert einer Summe kann kleiner als jeder der beiden Summanden sein."

_____

_____

Thema: Zeichnen im Koordinatensystem

3 Gegeben sind die Punkte $A(-2\,|\,2)$, $B(2\,|-3)$ und $C(0\,|\,5)$.

a) Zeichne die Punkte A, B und C sowie die Gerade g durch A und B und das Lot l zu g, das durch A verläuft, in das Koordinatensystem ein.
Gib die Koordinaten des Punktes P an, in dem l die x-Achse schneidet.
Miss den Abstand d des Punktes C von der Geraden g. Trage d in die Zeichnung ein.

_____

b) Zeichne in das Koordinatensystem ein Drachenviereck mit den Ecken A, B und C ein.
Beschreibe, wie du vorgehst.

_____

_____

c) Zeichne die Parallele p zu g im Abstand 3 cm, die den negativen Teil der y-Achse schneidet.

d) Zeichne einen Kreis k, der die Gerade g als Tangente hat. Sein Mittelpunkt M soll auf p liegen.
Begründe, dass der Kreis k den Radius 3 cm hat.

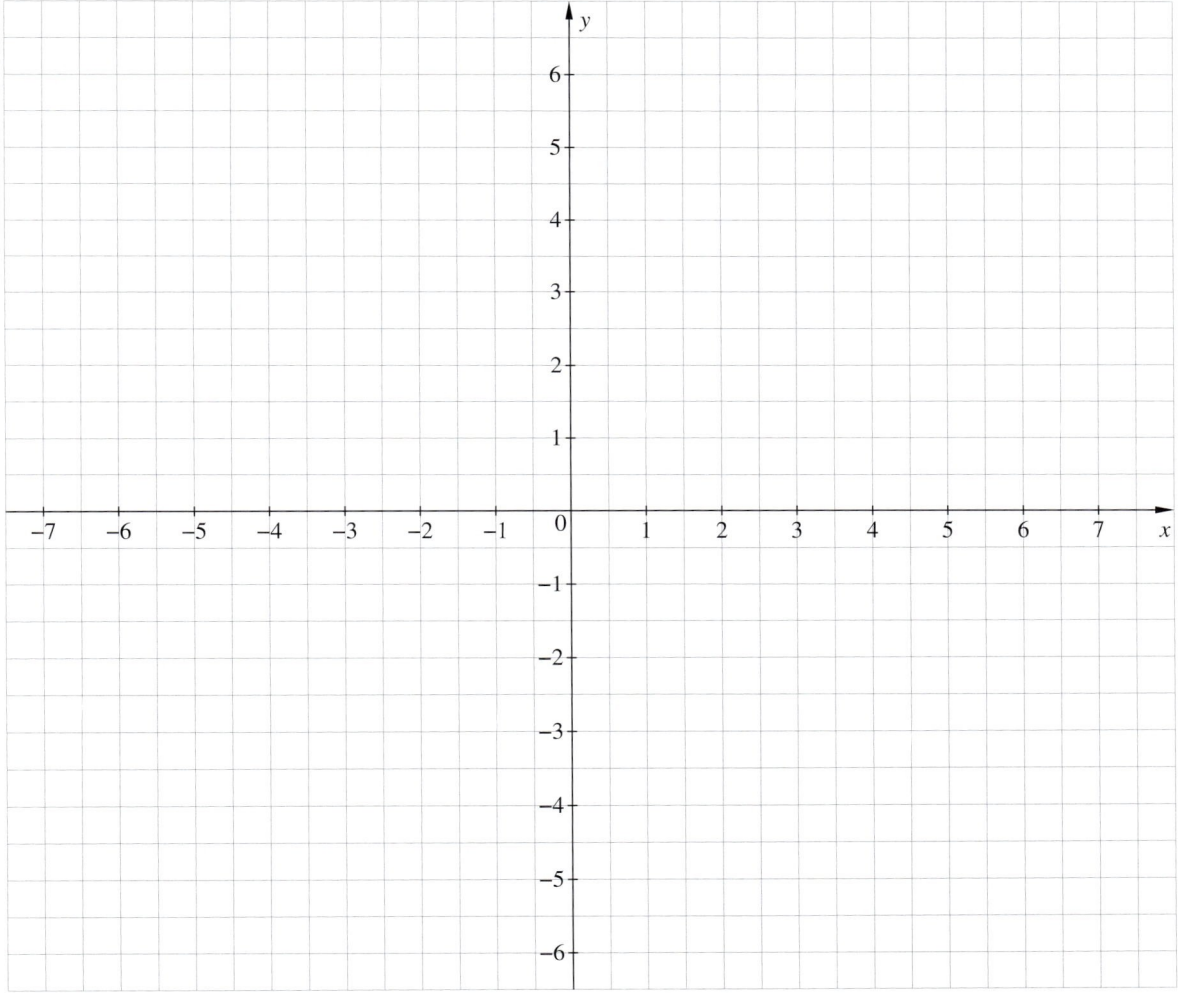

Arbeitszeit: 45 min

Wertung: 4/4/7   4/3   6/5/3/3

BEISPIEL D

Thema: Ganze Zahlen addieren und subtrahieren

1 **a)** Berechne den Wert des Terms.

$$-3\,004 + [2\,007 + (-3\,070)] - (-3\,040)$$

b) Erstelle zum Befehlssatz einen Term und begründe ohne zu rechnen, ob sein Wert positiv sein kann.

„Subtrahiere die Summe aus -17 und 53 von der Differenz, deren Minuend -43 und deren Subtrahend $3\,998$ ist."

c) Setze anstelle des Platzhalters □ jeweils das passende Rechenzeichen ein.

$$8 \;\square\; 14 \;\square\; 6 \;\square\; (-12) = -12$$

Thema: Zeichnen im Koordinatensystem

2 **a)** Gegeben sind die Punkte $A(2\,|\,3)$, $B(-3\,|\,-4)$ und $C(-2\,|\,2)$.
Trage die Punkte A, B und C in ein Koordinatensystem ein.
Zeichne die Gerade AC, das Lot l von B auf AC und eine Gerade g durch den Ursprung so, dass $g\,\|\,AC$ ist.

b) Zeichne einen Kreis K_1 um den Punkt A, der durch den Punkt $(0\,|\,5)$ verläuft und einen Kreis K_2 um den Punkt $M(-2\,|\,3)$, der den gleichen Radius wie K_1 hat.
Gib die Koordinaten aller Schnittpunkte der beiden Kreise an.

c) Zeichne Punkte P und Q so ein, dass das Viereck $ACPQ$ ein Rechteck ist, von dem eine Ecke auf der x-Achse liegt. Beschreibe, wie du ein weiteres solches Rechteck zeichnen kannst.

Thema: Zeichnen im Koordinatensystem

3 Von einer in der Wüste liegenden Oase (O) aus gesehen befindet sich eine Karawane (K) 4 km südlich und 3 km östlich.

a) Zeichne die Oase und die Karawane so in ein Koordinatensystem (1 cm $\hat{=}$ 1 km in Wirklichkeit) ein, dass die Oase im Koordinatenursprung liegt und die y-Achse die nördliche Richtung vorgibt.

b) Gib die Koordinaten der Position der Karawane an und ermittle, wie viele Kilometer sie von der Oase entfernt ist.

c) Die Karawane zieht auf direktem Weg in die Stadt (S), die 2 km östlich und 3 km nördlich der Oase liegt. Bestimme den kürzesten Abstand der Oase vom Weg der Karawane.

Thema: Vierecke

4 Begründe die Aussage oder widerlege sie mit einem Gegenbeispiel.

a) Es gibt kein Parallelogramm, das ein Drachenviereck ist.

b) Wenn ein Drachenviereck einen rechten Winkel hat, dann ist es ein Quadrat.

Arbeitszeit: 45 min

Wertung: 5/4/3   6/4/4   3/3/3   2/2

DRITTE SCHULAUFGABE

VORBEREITUNGSPLAN

Du kannst durch Einfärben der Felder deinen eigenen Zeitplan aufstellen. Die gestrichelten Rahmen stellen unseren Vorschlag dar. Kreuze jeweils an, was an welchem Tag erledigt wurde.

Alle Beispiele im Trainer enthalten auch Aufgaben zu Themen, die der Vorbereitungsplan an dieser Stelle nicht nennt. So kannst du mehrfach Inhalte auffrischen.

Hast du Lust dich mit Smileys einzuschätzen? Zeichne diese dann in die entsprechende Zelle.

	1. Tag	2. Tag	3. Tag	4. Tag	5. Tag	6. Tag
Trainer: Erstelle deinen Vorbereitungsplan. Ordne Tage zu.						
Themen: Winkel zeichnen und messen Natürliche Zahlen multiplizieren und dividieren Fachbegriffe *Heft:* Bearbeite dazu die Aufgaben aus deinem Heft. Löse gegebenenfalls Aufgaben mit Fehlern erneut bzw. zusätzliche Aufgaben.						
Trainer: „Beispiel A – Teil 1"						
Themen: Überschlagsrechnungen Rechengesetze und Rechenvorteile Verbindung der Grundrechenarten *Heft:* Bearbeite dazu die Aufgaben aus deinem Heft. Löse gegebenenfalls Aufgaben mit Fehlern erneut bzw. zusätzliche Aufgaben.						
Trainer: „Beispiel A – Teil 2"						
Themen: Potenzen Faktorisieren von Zahlen Primfaktoren *Heft:* Bearbeite dazu die Aufgaben aus deinem Heft. Löse gegebenenfalls Aufgaben mit Fehlern erneut bzw. zusätzliche Aufgaben.						
Trainer: „Beispiel B"						
Themen: Baumdiagramme Systematisches Zählen Ganze Zahlen multiplizieren und dividieren *Heft:* Bearbeite dazu die Aufgaben aus deinem Heft. Löse gegebenenfalls Aufgaben mit Fehlern erneut bzw. zusätzliche Aufgaben.						
Trainer: „Beispiel C"						
Löse Aufgaben mit Fehlern erneut bzw. zusätzliche Aufgaben.						
Trainer: „Beispiel D"						
Löse Aufgaben mit Fehlern erneut.						

Viel Erfolg!

DAS SOLLTEST DU WISSEN

Geometrische Grundbegriffe: Winkel und Winkelarten

↪ Ein Winkel entsteht durch Drehung einer Halbgeraden um ihren Anfangspunkt, den man als Scheitel des Winkels bezeichnet.
Als Abkürzungen verwendet man griechische Buchstaben oder den Scheitel und Punkte auf den beiden Schenkeln.
Beispiel: $\alpha = \angle BSA$

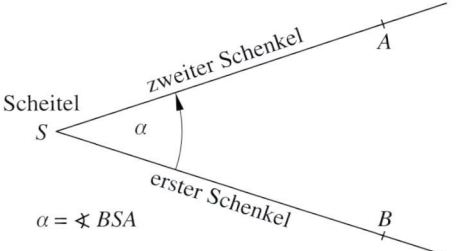

↪ Winkel zeichnet man mit dem Geodreieck und misst ihre Größe in der Einheit Grad (°).
Man bezeichnet Winkel je nach Größe als
spitz ($0 < \alpha < 90°$), stumpf ($90° < \beta < 180°$) oder überstumpf ($180° < \gamma < 360°$).
Besondere Winkel sind Nullwinkel (0°), rechter Winkel (90°), gestreckter Winkel (180°) und Vollwinkel (360°).
Beispiel: Zeichnen eines 225° großen Winkels.

Zerlegen: $180° + 45°$

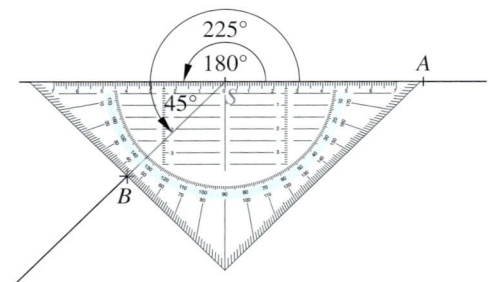

Ergänzen: $360° - 135°$

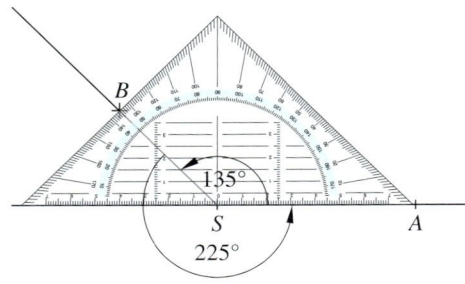

Die natürlichen Zahlen: Produkte und Quotienten

↪ Zusammengehörige Fachausdrücke sind „multiplizieren" und „Produkt" sowie „dividieren" und „Quotient".
Beispiel: $7 \cdot 6$ nennt man Produkt. 7 ist der erste, 6 der zweite Faktor. 42 heißt Wert des Produkts.
$95 : 19$ heißt Quotient. 95 ist der Dividend, 19 der Divisor. 5 heißt Wert des Quotienten.

↪ Merke: Durch null darf man nicht dividieren!
Beispiel: Der Quotient $95 : 0$ lässt sich nicht berechnen.

Die natürlichen Zahlen: Zerlegen in Faktoren und Primzahlen

↪ Natürliche Zahlen kann man meist auf unterschiedliche Arten in Faktoren zerlegen.
Beispiel: $95 = 5 \cdot 19 = 1 \cdot 95$

↪ Gibt es für eine Zahl bis auf Vertauschung der Faktoren nur eine einzige Zerlegung, so bezeichnet man diese Zahl als Primzahl.
Beispiel: $19 = 1 \cdot 19$

↪ Jede natürliche Zahl außer 1 und den Primzahlen besitzt eine eindeutige Zerlegung in Primfaktoren. Tritt ein Faktor in einem Produkt mehrfach auf, so kann man als Abkürzung die Potenzschreibweise verwenden.
Beispiel: $810 = 2 \cdot 3 \cdot 3 \cdot 3 \cdot 3 \cdot 5 = 2 \cdot 3^4 \cdot 5$ Bei der Potenz 3^4 ist 3 die Basis und 4 der Exponent.

Die natürlichen Zahlen: Rechenvorteile und Rechenregeln

↻ Beim Berechnen von Termwerten solltest du zuerst prüfen, ob Rechenvorteile genutzt werden können. Danach rechnest du gegebenenfalls Klammern aus. Sind in einem Term sowohl Punkt- als auch Strichrechenarten vorhanden, so gilt „Punkt- vor Strichrechnung". Potenzen sind Abkürzungen für Produkte und werden deshalb zuerst berechnet. Zuletzt rechnest du von links nach rechts.
Beispiel: $3 + 8 \cdot 2 - 8 : 2 + 2 \cdot (4 - 2) = 3 + 16 - 4 + 2 \cdot 2 = 19 - 4 + 4 = 19$

↻ Der Wert eines Quotienten ändert sich nicht, wenn man Dividend und Divisor durch dieselbe von null verschiedene Zahl dividiert.
Beispiel: $84\,500 : 650 = 8\,450 : 65$

↻ In einem Produkt darf man die Reihenfolge der Faktoren verändern, also z. B. Faktoren vertauschen, ohne dass sich der Wert des Produkts ändert (Kommutativgesetz der Multiplikation).
Beispiel: $25 \cdot 19 \cdot 4 = 4 \cdot 25 \cdot 19$

↻ In einem Produkt darf man beliebig Klammern setzen oder weglassen, ohne dass sich der Wert des Produkts ändert (Assoziativgesetz der Multiplikation).
Beispiel: $(37 \cdot 8) \cdot 125 = 37 \cdot (8 \cdot 125)$

↻ Da die Multiplikation mit Stufenzahlen besonders einfach ist, versucht man in Produkten Zerlegungen der Faktoren zu finden, die ein Rechnen mit Stufenzahlen erlauben.
Faktoren, die gut zusammen passen, sind   2 und 5;   4 und 25;   8 und 125;   …
Beispiel: $25 \cdot 64 = (25 \cdot 4) \cdot 16$

↻ Manchmal lassen sich Werte von Produkten mit dem Distributivgesetz im Kopf berechnen.
Beispiel: $38 \cdot 25 = (30 + 8) \cdot 25 = 30 \cdot 25 + 8 \cdot 25$ (oder $38 \cdot 25 = (40 - 2) \cdot 25 = 40 \cdot 25 - 2 \cdot 25$)

↻ Das Distributivgesetz kann man auch in umgekehrter Richtung zum Ausklammern verwenden.
Beispiel: $48 : 4 + 352 : 4 = (48 + 352) : 4 = 400 : 4$

Die natürlichen Zahlen: Systematisches Zählen

↻ Beim systematischen Zählen kann man zur Veranschaulichung Baumdiagramme verwenden. Die Anzahl der Enden eines „Baums" ergibt sich als Produkt der Anzahl der Möglichkeiten auf den einzelnen Stufen (Zählprinzip).
Beispiel: Stelle aus drei verschiedenfarbigen Tassen, zwei Untertassen und drei Kuchentellern ein Gedeck zusammen. Es gibt $3 \cdot 2 \cdot 3 = 18$ Möglichkeiten.

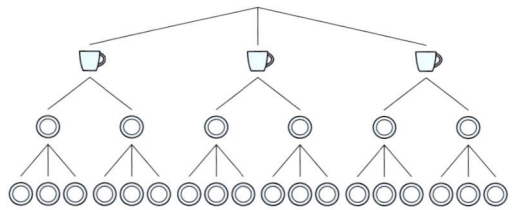

↻ Bei einer großen Zahl von Wahlmöglichkeiten sollte man sich deren Anzahl auf jeder Stufe überlegen und nach dem Zählprinzip die Anzahl der Möglichkeiten auf den einzelnen Stufen multiplizieren.
Beispiel: Bei der Ermittlung der Anzahl aller dreistelligen Zahlen mit verschiedenen Ziffern gibt es
für die Hunderterstelle 9 Möglichkeiten (eine dreistellige Zahl kann nicht mit 0 beginnen),
für die Zehnerstelle gibt es dann neben der bereits verwendeten und jetzt nicht mehr zugelassenen Ziffer noch 9 Möglichkeiten (hier ist 0 natürlich möglich),
für die Einerstelle sind danach noch 8 verschiedene Ziffern möglich.
Es gibt also $9 \cdot 9 \cdot 8 = 648$ dreistellige Zahlen, bei denen die drei verwendeten Ziffern verschieden sind.

Die ganzen Zahlen: Multiplizieren und Dividieren

↻ Beim Multiplizieren und Dividieren zweier ganzer Zahlen setzt du das Vorzeichen beim Ergebnis nach folgender Regel: Wenn beide Zahlen unterschiedliche Vorzeichen haben, ist das Ergebnis negativ; ansonsten ist das Vorzeichen positiv. Der Betrag des Ergebnisses ist das Produkt der Beträge der Faktoren bzw. der Quotient der Beträge von Dividend und Divisor.
Beispiel: $8 \cdot 2 = 16$ $8 \cdot (-2) = -16$ $-8 : 2 = -4$ $-8 : (-2) = 4$

↻ Nutze alle Rechenregeln und Rechenvorteile, die du schon bei den natürlichen Zahlen verwendet hast.
Beispiel: $(-4) \cdot 31 \cdot (-5) = (-4) \cdot (-5) \cdot 31 = 20 \cdot 31 = 620$ $(-3) \cdot (-4) + (-3) \cdot 5 = (-3) \cdot (-4 + 5) = -3$

BEISPIEL A – TEIL 1

Thema: Winkel zeichnen und messen

1 In einem Koordinatensystem liegen die Punkte $A(-2\,|\,1)$, $B(1\,|\,1)$, $C(4\,|\,3)$ und $S(1\,|\,3)$.

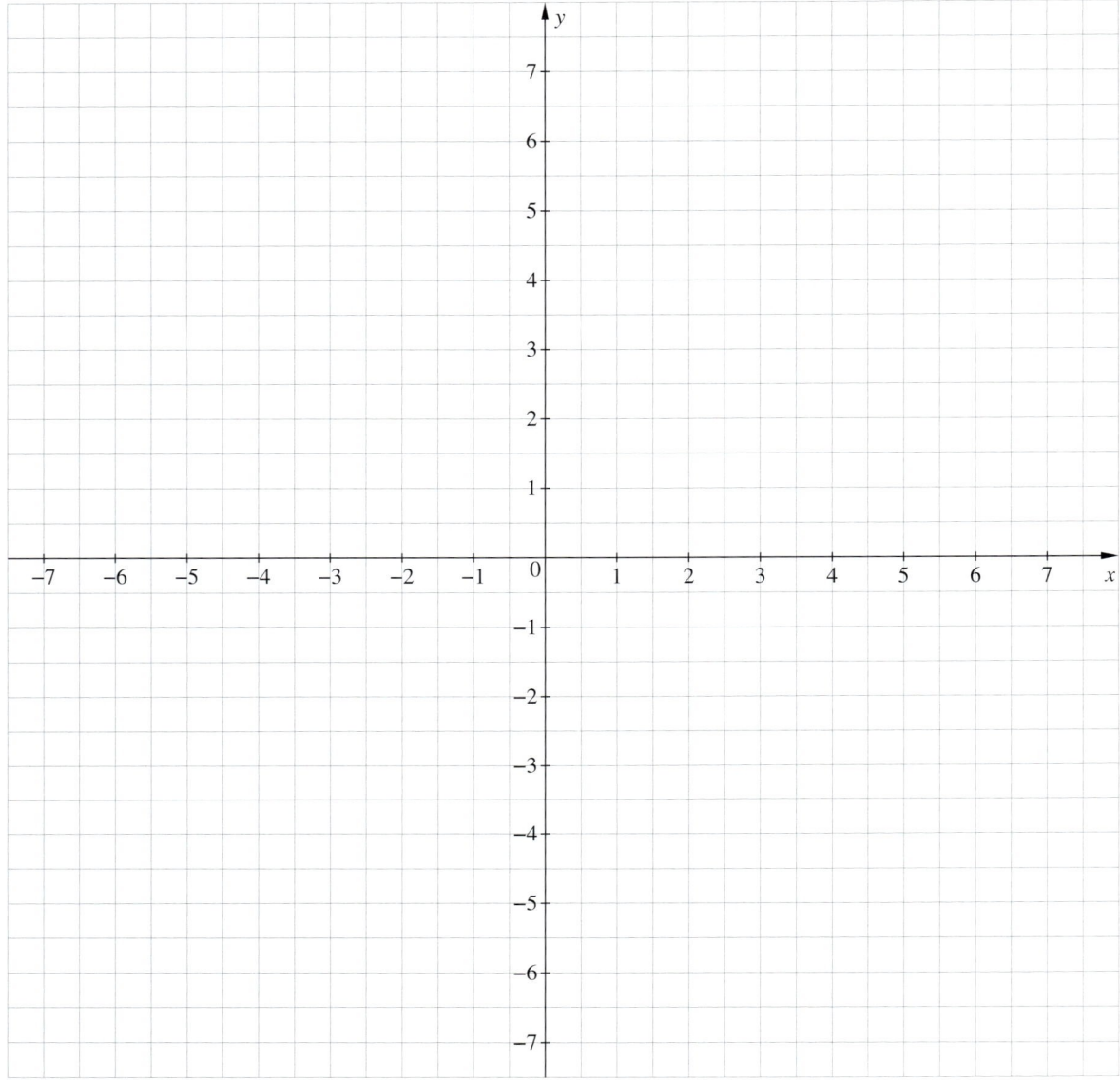

a) Zeichne die Punkte A, B, C und S ein.
Miss die Winkel $\alpha = \sphericalangle ASC$ und $\beta = \sphericalangle ASB$. Gib die Art der Winkel an.

_____

_____

b) Zeichne Punkte X und Z so ein, dass $\sphericalangle ASX = 90°$ und $\sphericalangle ASZ = 180°$.
Gib die Koordinaten der Punkte an.

_____

c) Zeichne mit unterschiedlichen Farben Winkel mit folgenden Eigenschaften ein.
Einen Winkel, der genauso groß ist wie α, einen wie β und einen wie $\alpha + \beta$.
Verwende als Scheitel für diese drei Winkel $Q(-5\,|\,0)$.

Thema: Natürliche Zahlen multiplizieren und dividieren

2 Hans will mit einer Überschlagsrechnung den ungefähren Wert des Quotienten 77 470 : 254 ermitteln.

a) Er verwendet dazu den Quotienten 80 000 : 200.
   Ines ist skeptisch: „Da wirst du sicher einen zu großen Wert erhalten!"

   Begründe, dass Ines Recht hat, und gib eine genauere, aber ebenfalls nicht allzu schwierige Überschlagsrechnung an.

   _____

   _____

   _____

   _____

b) Überprüfe mithilfe einer Umkehraufgabe, ob der Wert des Quotienten, den Hans berechnen soll, 305 ist.

Thema: Natürliche Zahlen in Faktoren zerlegen

3 a) Schreibe jede der Zahlen auf möglichst viele Arten als Produkt aus je zwei Faktoren.

   24 = _____

   17 = _____

b) Zerlege 348 in Primfaktoren.

   _____

   _____

Arbeitszeit: 30 min   Wertung: 6/2/4   5/3   4/3

BEISPIEL A – TEIL 2

Thema: Ganze Zahlen multiplizieren

1 a) Berechne den Wert des Produkts $18 \cdot 208$ möglichst vorteilhaft und gib danach den Wert der Terme $18 \cdot 208$ sowie $(-18) \cdot (-208)$ an.

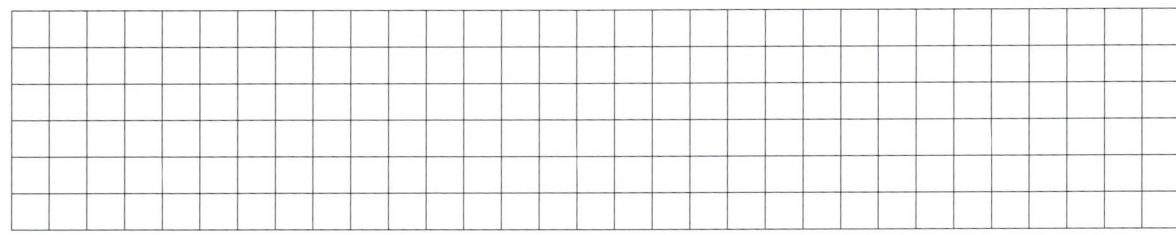

   b) Helga sagt: „$4 \cdot 52 = 208$. Also kann ich den Wert des Produkts $52 \cdot 36$ ganz leicht aus dem Ergebnis von $18 \cdot 208$ bestimmen."
   Erkläre, was Helga damit meint und bestimme wie sie das Ergebnis.

_____

_____

_____

Thema: Natürliche Zahlen dividieren

2 a) Berechne den Wert des Terms.

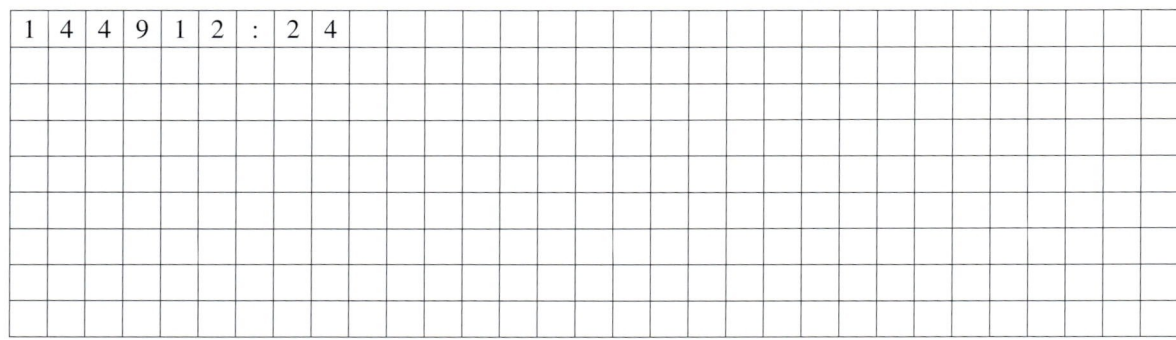

   b) Greta soll den Wert des Quotienten $412\,500 : 6\,250$ berechnen.
   Sie überlegt: „Wenn ich Dividend und Divisor durch 10 dividiere, ändert sich der Wert des Quotienten nicht. Dasselbe könnte ich doch auch mit 50 versuchen …"
   Überprüfe zuerst Gretas Idee und erzeuge danach – so wie sie – zwei weitere Quotienten mit demselben Wert.

Thema: Rechengesetze

3 a) Formuliere ein Distributivgesetz mit Worten.

_____

_____

_____

b) Entscheide, ob richtig gerechnet wurde.
Gib an, welche Rechengesetze du dabei verwendest. _____

$204 \cdot 43 + 43 \cdot 96 = 300 \cdot 43$

_____

_____

_____

Thema: Systematisches Zählen

4 a) Clown Benjamin besitzt vier verschiedenfarbige Hemden, eine gestreifte und eine dunkelblaue Hose
sowie drei unterschiedliche Perücken.
Ermittle mit Hilfe eines Baumdiagramms, auf wie viele verschiedene Arten sich Benjamin verkleiden kann.

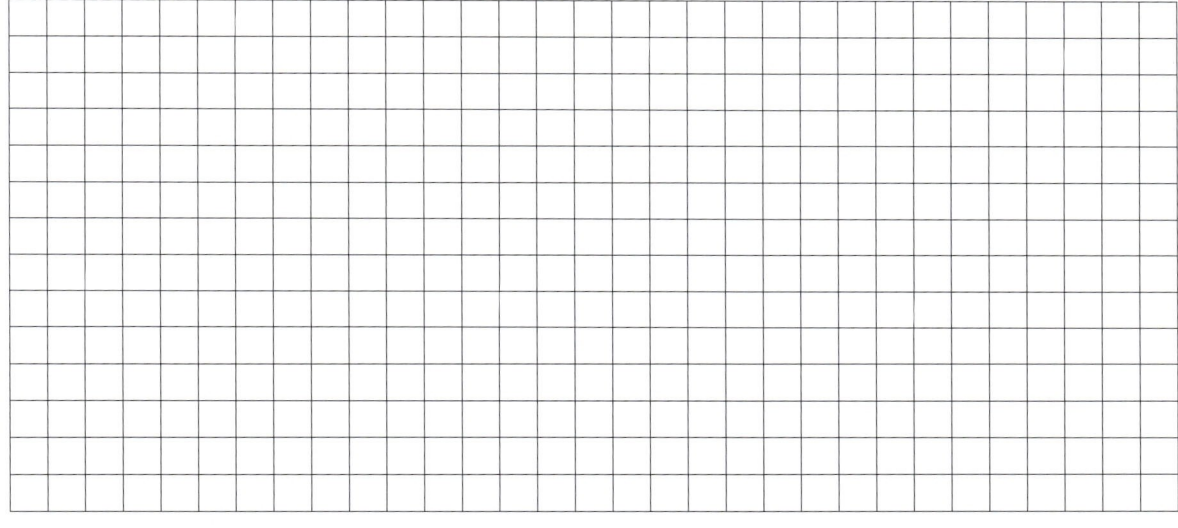

b) Wie viele Möglichkeiten gibt es, wenn Benjamin auch noch eins von zwei verschiedenen Paaren Schuhe
wählen kann?
Begründe deine Antwort mit dem Zählprinzip.

Arbeitszeit: 30 min

Wertung: 5/4   4/4   3/3   5/2

BEISPIEL B

Thema: Potenzen

1 a) Erkläre, was man unter einer Potenz versteht, und nenne alle zugehörigen Fachbegriffe dazu.

_____

_____

   b) Hannah hat beim Rechnen mit Potenzen entdeckt, dass $2^4 = 4^2$ ist.
       Sie sagt: „Das sieht ja ganz danach aus, als ob es ein Kommutativgesetz für Potenzen gibt!"
       Erläutere, was Hannah meint, und prüfe, ob es tatsächlich so eine Rechenregel für Potenzen gibt.

_____

_____

Thema: Ganze Zahlen multiplizieren

2 Die Zahl $-103\,683$ kann nur der Wert eines der folgenden Produkte sein.
   Gib bei all denen, die du ohne schriftliches Multiplizieren ausschließen kannst, den Grund dafür an.

$322 \cdot (-323)$ _____

$322 \cdot 0 \cdot (-321)$ _____

$(-323) \cdot (-1) \cdot (-321)$ _____

$(-1) \cdot (-321) \cdot 323$ _____

Thema: Zahlen in Faktoren zerlegen

3 a) Berechne vorteilhaft und schreibe das Ergebnis in Worten.

       $2^3 \cdot 5^2 \cdot 17 \cdot 2^2 \cdot 125$

_____

_____

   b) Ermittle die Primfaktorzerlegung von 7020.
       Verwende die Potenzschreibweise und schreibe dann 7020 als Produkt von zwei Faktoren, die beide
       größer als 50 sind.

Thema: Natürliche Zahlen multiplizieren und dividieren

4 Gliedere den Term und berechne seinen Wert.

(513 : 27 + 125) − 25 · 79

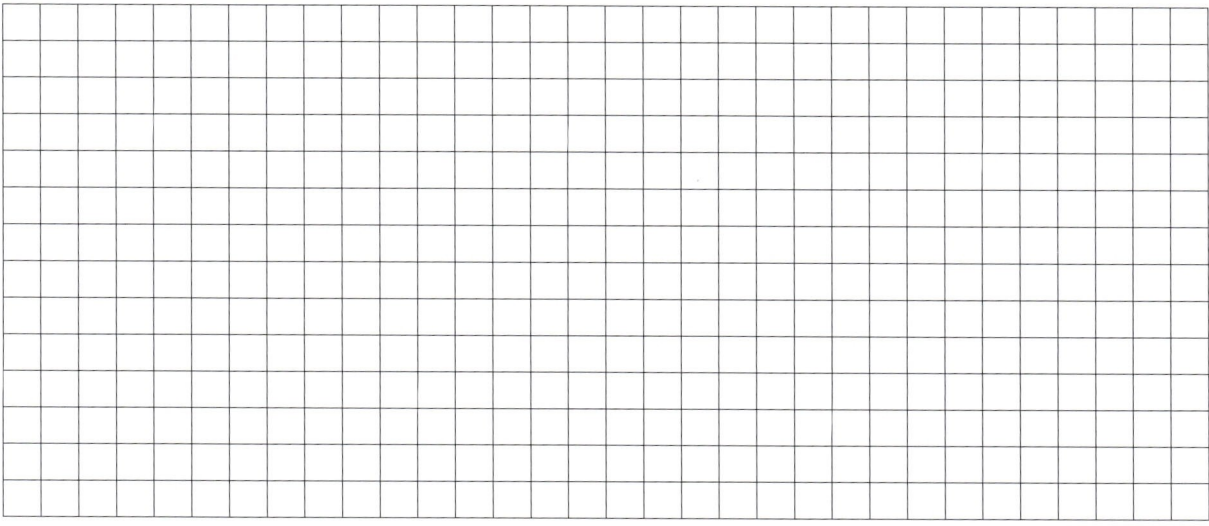

Thema: Systematisches Zählen

5 Auf einer Wanderkarte sind vier Wege vom Tal zu einem höher gelegenen See eingezeichnet.
Vom See aus können Karla und Ingo auf fünf unterschiedlichen Wegen zu einer Berghütte gelangen.
Von der Hütte aus führen dann nur noch drei Wege zum Berggipfel.

a) Sie beratschlagen, wie sie zum Gipfel kommen können.
Karla meint: „Die Entscheidung ist schwer, denn wir haben ja 4 + 5 + 3 Wege zur Auswahl, die alle hinauf-
führen."
Ingo widerspricht ihr: „Es sind mehr als 12 verschiedene Wege zwischen Tal und Gipfel, die wir auswählen
können."
Erkläre Karla, warum sie nicht Recht hat, und berechne die richtige Anzahl.

_____

_____

_____

_____

_____

b) Auf dem Rückweg wollen beide keinen Wegabschnitt noch einmal gehen, den sie beim Aufstieg gewählt
haben. Berechne, wie viele verschiedene Wege sie jetzt zur Auswahl haben.

_____

_____

BEISPIEL C

Thema: Winkel

1 Gegeben sind die Punkte $A(-2\,|\,1)$, $B(1\,|-1)$ und $S(1\,|\,3)$.

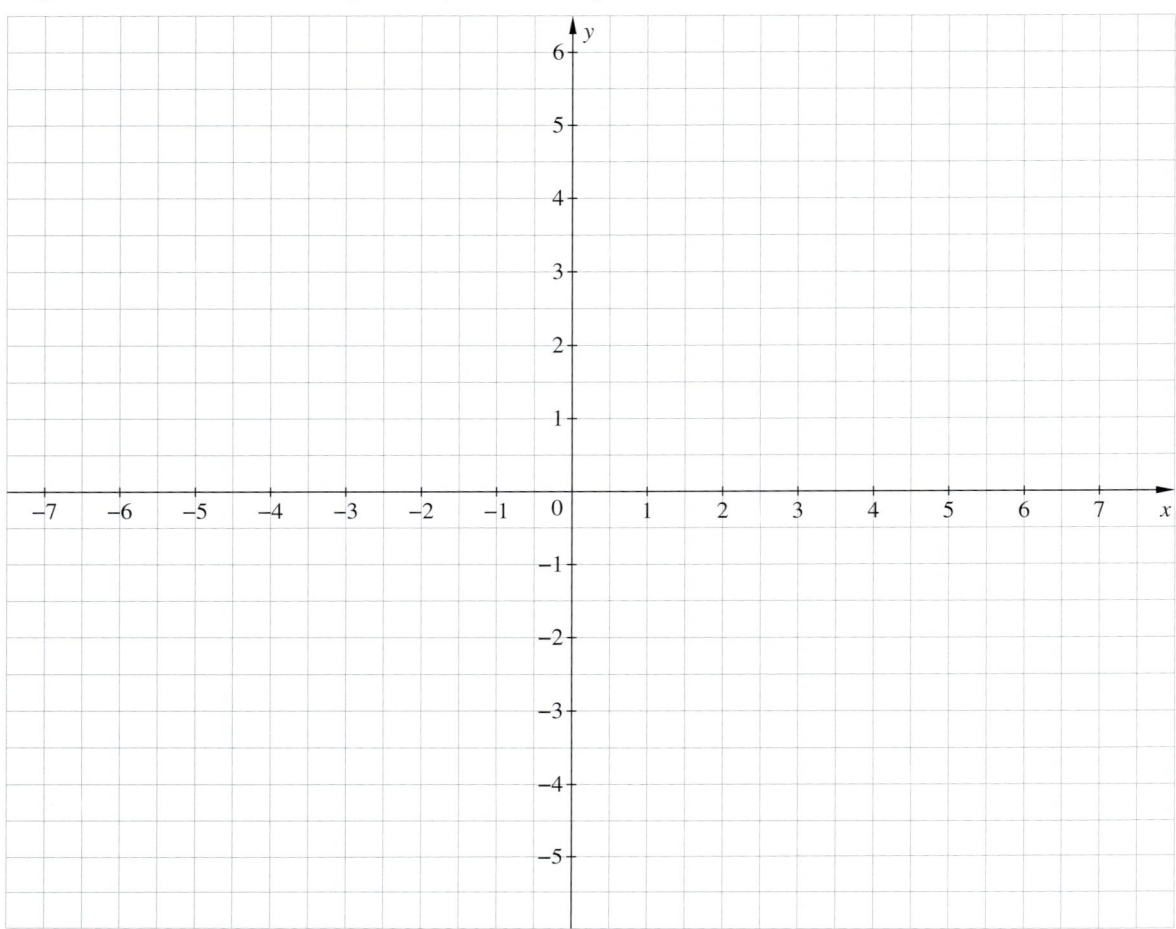

a) Zeichne die Punkte A, B und S in das Koordinatensystem ein.
Trage den Winkel $\alpha = \sphericalangle ASB$ ein und miss seine Größe.

_____

b) Drehe den ersten Schenkel von α im Uhrzeigersinn um $112°$.
Zeichne einen Punkt P auf dem zweiten Schenkel des dadurch entstandenen Winkels $\gamma = \sphericalangle ASP$ ein und miss γ.

_____

Thema: Primfaktoren und Potenzen

2 Ermittle die Primfaktorzerlegung der Zahl 968. Verwende die Potenzschreibweise.

_____

_____

_____

Thema: Natürliche Zahlen multiplizieren und dividieren

3 a) Berechne den Wert des Terms.

$5\,712 : 56 + (43 - 15) \cdot 38$

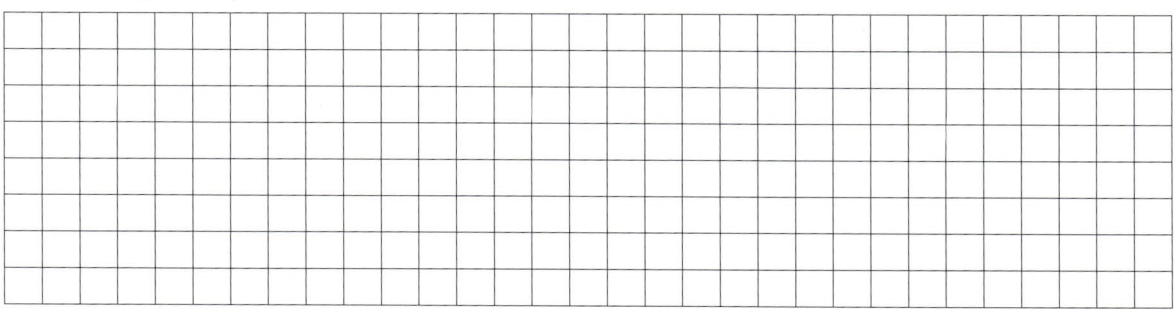

b) Berechne vorteilhaft.

$75 \cdot 24 \cdot 703 - 703 \cdot 82 - 718 \cdot 703$

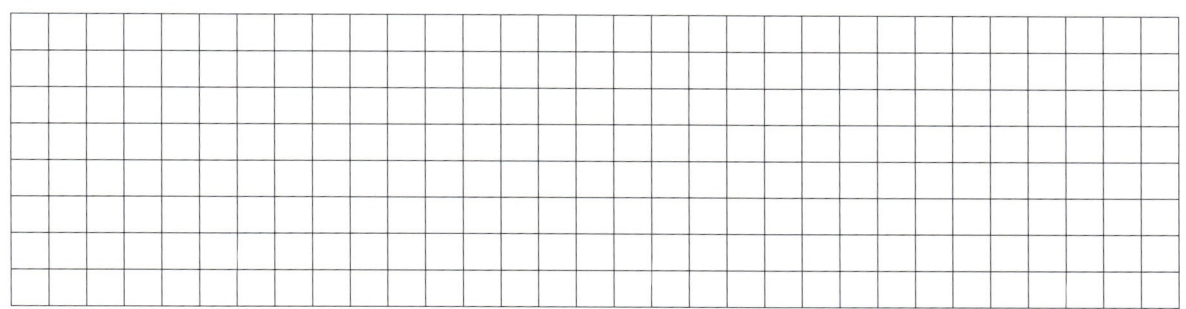

c) Setze zuerst die beiden Rechenzeichen „:" und „·" so in die Kästchen ein, dass sich der Wert des Terms berechnen lässt und ermittle dann den Wert deines Terms.
Setze danach in deinem Term zwei Klammern so, dass der Wert nicht mehr berechnet werden kann.

Term ohne Klammern, dessen Wert existiert.　　1 664 : 26 ☐ 0 ☐ 4 − 200 ☐ 0 ☐ 10 = _____

Term mit Klammern, dessen Wert nicht existiert.　　1 664 : 26 ☐ 0 ☐ 4 − 200 ☐ 0 ☐ 10

Thema: Zählprinzip

4 Hans hat zwei große Blätter vor sich und möchte darauf fünfstellige Zahlen mit besonderen Eigenschaften schreiben.
Auf dem einen Blatt sollen nur Zahlen stehen, die mit einer Drei beginnen und lauter verschiedene Ziffern haben.
Das andere Blatt verziert er mit allen fünfstelligen Zahlen, die durch 2 teilbar sind und mit zwei gleichen Ziffern beginnen.
Ermittle, wie viele Zahlen insgesamt auf den beiden Blättern stehen werden.

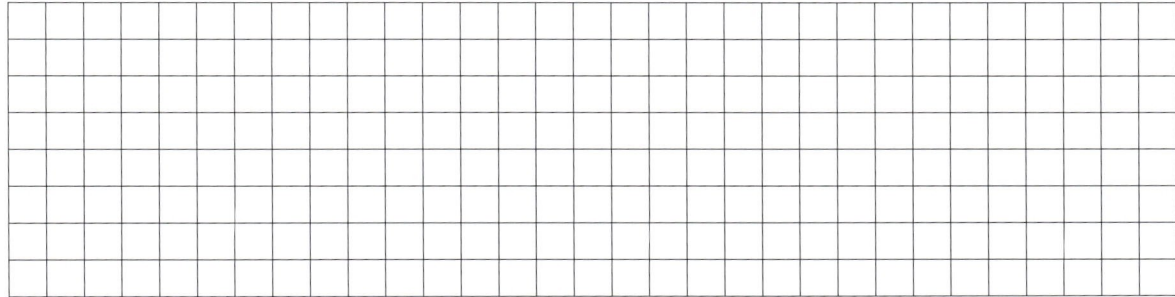

Arbeitszeit: 45 min　　　　　　　　　　　　　　　　Wertung: 5/4　　5　　6/5/5　　9

BEISPIEL D

Thema: Winkel

1 In der Zeichnung siehst du die Winkel
$\alpha = \sphericalangle CBA$ und $\beta = \sphericalangle DBC$.

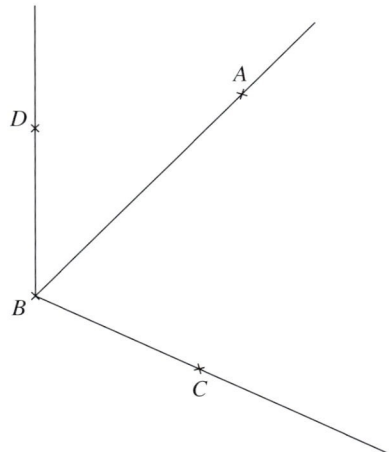

a) Gib an, zu welcher Winkelart α und β gehören.

b) Miss α und β.

Thema: Ganze Zahlen multiplizieren und dividieren

2 a) In einem Schülerheft steht folgende Rechnung: $25 : 5 - 5 = 25 : 0 = 0$.
Begründe, dass der Quotient am Ende der Berechnung nicht den Wert 0 haben kann, und erläutere den anderen Fehler, der auch noch gemacht wurde.

b) Ergänze. $-8 \cdot 47 \cdot 125 =$ _____ $-21 : (-8 +$ _____ $) = -1$

c) Schreibe die Platzhalteraufgabe auf und berechne die gesuchte Zahl:
„Dividiert man 136 durch eine ganze Zahl, so erhält man -17."

Thema: Rechenvorteile und Rechengesetze

3 a) Berechne.

$6\,300 : 60 - (5 \cdot 2^3 \cdot 5^2 + 8^2 : 16) \cdot 3$

b) Berechne jeweils den Wert des Terms mit Hilfe des Distributivgesetzes.

I. $998 \cdot 551$ II. $705 \cdot 401 - 55 \cdot 401 + 401 \cdot 350$

Thema: Systematisches Zählen

4 Anna, Benedikt sowie die Zwillinge Carina und David sitzen im Klassenzimmer ganz hinten an einer Viererbank.

a) Anna überlegt: „Ist es möglich, dass wir uns im Oktober an jedem Schultag anders nebeneinander hinsetzen?"
Formuliere eine Antwort und begründe sie.

b) Carina und David wollen immer direkt nebeneinander sitzen.
Benedikt meint zu Anna: „Carina und David können also entweder ganz links außen oder zwischen uns beiden oder ganz rechts außen sitzen. Also gibt es drei Möglichkeiten, wie wir uns platzieren können."
Anna erwidert: „Ich denke, dass es 6 Möglichkeiten dafür gibt, weil wir beide uns ja noch umsetzen können."
Entscheide du und begründe deine Antwort.

Arbeitszeit: 45 min Wertung: 6/2 3/4/4 8/8 4/3

VIERTE SCHULAUFGABE

VORBEREITUNGSPLAN

Du kannst durch Einfärben der Felder deinen eigenen Zeitplan aufstellen. Die gestrichelten Rahmen stellen unseren Vorschlag dar. Kreuze jeweils an, was an welchem Tag erledigt wurde.
Alle Beispiele im Trainer enthalten auch Aufgaben zu Themen, die der Vorbereitungsplan an dieser Stelle nicht nennt. So kannst du mehrfach Inhalte auffrischen.
Hast du Lust dich mit Smileys einzuschätzen? Zeichne diese dann in die entsprechende Zelle.

	1. Tag	2. Tag	3. Tag	4. Tag	5. Tag	6. Tag
Trainer: Erstelle deinen Vorbereitungsplan. Ordne Tage zu.						
Themen: Rechnen mit ganzen Zahlen Rechengesetze Überschlagsrechnungen *Heft:* Bearbeite dazu die Aufgaben aus deinem Heft. Löse gegebenenfalls Aufgaben mit Fehlern erneut bzw. zusätzliche Aufgaben.						
Trainer: „Beispiel A – Teil 1"						
Themen: Größen und ihre Einheiten Kommaschreibweise bei Größen Rechnen mit Größen *Heft:* Bearbeite dazu die Aufgaben aus deinem Heft. Löse gegebenenfalls Aufgaben mit Fehlern erneut bzw. zusätzliche Aufgaben..						
Trainer: „Beispiel A – Teil 2"						
Themen: Schlussrechnung Maßstab Umfang des Rechtecks *Heft:* Bearbeite dazu die Aufgaben aus deinem Heft. Löse gegebenenfalls Aufgaben mit Fehlern erneut bzw. zusätzliche Aufgaben.						
Trainer: „Beispiel B"						
Themen: Flächenmessung Flächeneinheiten Flächenberechnung *Heft:* Bearbeite dazu die Aufgaben aus deinem Heft. Löse gegebenenfalls Aufgaben mit Fehlern erneut bzw. zusätzliche Aufgaben.						
Trainer: „Beispiel C"						
Löse Aufgaben mit Fehlern erneut bzw. zusätzliche Aufgaben.						
Trainer: „Beispiel D"						
Löse Aufgaben mit Fehlern erneut.						

Viel Erfolg!

DAS SOLLTEST DU WISSEN

Die ganzen Zahlen: Rechnen mit ganzen Zahlen

↪ Beim Rechnen mit ganzen Zahlen musst du die gleichen Vorrangregeln wie bei den natürlichen Zahlen beachten:
Klammern werden zuerst berechnet,
Potenzrechnung vor Punktrechnung und Strichrechnung.
Ansonsten wird von links nach rechts gerechnet.
Beispiel: $[(-2)^3 + 4] \cdot (-3) - 3^2 = (-8 + 4) \cdot (-3) - 9 = -4 \cdot (-3) - 9 = 12 - 9 = 3$

↪ Kommutativgesetz, Assoziativgesetz und Distributivgesetz gelten auch für ganze Zahlen.
Beispiel: $(-2) \cdot 5 + 3 \cdot (-2) = (-2) \cdot (5 + 3) = (-2) \cdot 8 = -16$

Größen und ihre Einheiten: Größenangaben und Schreibweisen

↪ Größen werden mit Hilfe von Maßzahl und Einheit angegeben.
Beispiel: Zeit: $1 \text{ h} = 60 \text{ min} = 3\,600 \text{ s}$
  Geld: $1 \text{ €} = 100 \text{ Cent}$
  Masse: $1 \text{ t} = 1\,000 \text{ kg} = 1\,000\,000 \text{ g} = 10^9 \text{ mg}$
  Länge: $1 \text{ km} = 1\,000 \text{ m} = 10\,000 \text{ dm} = 10^5 \text{ cm} = 10^6 \text{ mm}$

↪ Bei den Größen Geld, Masse und Länge wird häufig die Kommaschreibweise verwendet.
Beispiel: $4{,}35 \text{ m} = 43{,}5 \text{ dm} = 435 \text{ cm}$

Größen und ihre Einheiten: Rechnen mit Größen

↪ Größenangaben in Kommaschreibweise lassen sich ebenso gut vergleichen wie in gemischten Einheiten.
Verwandle vor dem Addieren und Subtrahieren die vorkommenden Größenangaben in dieselbe Einheit und
erzeuge durch Anhängen von Endnullen gleich viele Stellen hinter dem Komma. Dann wird wie gewohnt von
rechts nach links gerechnet. Wenn du das Komma überschreitest, musst du beim Ergebnis ein Komma einfügen.
Beispiel: $4{,}03 \text{ kg} - 204{,}3 \text{ g} = 4{,}03 \text{ kg} - 0{,}2043 \text{ kg} = 4{,}0300 \text{ kg} - 0{,}2043 \text{ kg} = 3{,}8257 \text{ kg} = 3825{,}7 \text{ g}$

↪ Beim Multiplizieren und Dividieren von Größenangaben kannst du in kleinere Einheiten umwandeln, sodass du
nur mit natürlichen Maßzahlen rechnen musst. Größe durch Zahl ergibt eine Größe.
Beispiel: $7{,}5 \text{ km} : 3 = 7\,500 \text{ m} : 3 = 2\,500 \text{ m} = 2{,}5 \text{ km}$

↪ Vor dem Dividieren gleichartiger Größenangaben musst du Dividend und Divisor in dieselbe Einheit umwandeln.
Als Quotient gleichartiger Größen ergibt sich eine Zahl.
Beispiel: $3{,}5 \text{ km} : 250 \text{ m} = 3\,500 \text{ m} : 250 \text{ m} = 350 : 25 = 14$

Größen und ihre Einheiten: Umfang

↪ Die Summe aller Seitenlängen einer Figur bezeichnet man als Umfang.
Beispiel: Quadrat mit Seitenlänge s $u_{Quadrat} = s + s + s + s = 4 \cdot s$
Rechtecks mit Länge l und Breite b $u_{Rechteck} = l + b + l + b = 2 \cdot l + 2 \cdot b = 2 \cdot (l + b)$

↪ Mit Hilfe der Umkehraufgabe kannst du aus dem Umfang eines Rechtecks oder Quadrats die Länge einer Seite
ermitteln.
Beispiel: Ein Rechteck mit 14 cm Umfang ist 3 cm lang. Welche Breite hat es?
  $l + b$ ist der halbe Umfang des Rechtecks, hier ist also $3 \text{ cm} + b = 7 \text{ cm}$. Die Breite b muss dann 4 cm
  betragen.
Beispiel: Der Umfang eines Quadrats misst 16 cm. Wie lang ist die Seite des Quadrats?
  $16 \text{ cm} : 4 = 4 \text{ cm}$ Die Seitenlänge des Quadrats ist 4 cm.

Größen und ihre Einheiten: Schlussrechnung und Maßstab

⤾ Wenn dem Doppelten, Dreifachen, Vierfachen … einer Größe das Doppelte, Dreifache, Vierfache… einer anderen Größe entspricht, kannst du aus drei Angaben auf einen vierten Wert schließen.

Beispiel:

$:3$ ⎰ 3 Brezen kosten 2,10 € ⎱ $:3$
$\cdot 5$ ⎱ 1 Breze kostet 0,70 € ⎰ $\cdot 5$
⎰ 5 Brezen kosten 3,50 € ⎱

⤾ Der Maßstab gibt an, wie lang eine Einheitsstrecke von 1 cm, 1 mm oder 1 m auf der Karte in Wirklichkeit ist.
Beispiel: Maßstab 1 : 60 000 bedeutet, dass 1 cm auf der Karte in Wirklichkeit 60 000 cm lang ist.

⤾ Mit der Schlussrechnung erhält man bei vorgegebenem Maßstab die Länge einer Strecke auf der Karte oder in Wirklichkeit.
Beispiel: Beim Maßstab 1 : 50 000 entspricht 1 cm auf der Karte 50 000 cm in Wirklichkeit.

$\cdot 2$ ⎰ 0,5 km entsprechen 1 cm auf der Karte. ⎱ $\cdot 2$ | $:10$ ⎰ 1 cm auf der Karte entspricht 0,5 km. ⎱ $:10$
$\cdot 15$ ⎱ 1 km entspricht 2 cm. ⎰ $\cdot 15$ | $\cdot 6$ ⎱ 1 mm entspricht 50 m. ⎰ $\cdot 6$
⎰ 15 km entsprechen 30 cm. ⎱ | ⎰ 0,6 cm entsprechen 300 m. ⎱

⤾ Mit der Schlussrechnung lässt sich auch der Maßstab ermitteln, wenn die Längen einer Strecke auf der Karte und in Wirklichkeit bekannt sind.
Beispiel: Eine Strecke der Länge 16 km ist auf der Karte 64 mm lang.

$:64$ ⎰ 64 mm auf der Karte entsprechen 16 000 000 mm in Wirklichkeit ⎱ $:64$
⎱ 1 mm entspricht 250 000 mm ⎰
Der Maßstab ist 1 : 250 000.

Flächenmessung und Flächeninhalt: Flächeninhalt, Flächeneinheiten, Flächenformeln

⤾ Der Flächeninhalt von ebenen Figuren lässt sich auf verschiedene Arten bestimmen. Man kann z. B. Heftkästchen zählen, die Figur mit Flächenstücken bekannter Größe vergleichen oder sie zerschneiden und neu zusammensetzen.

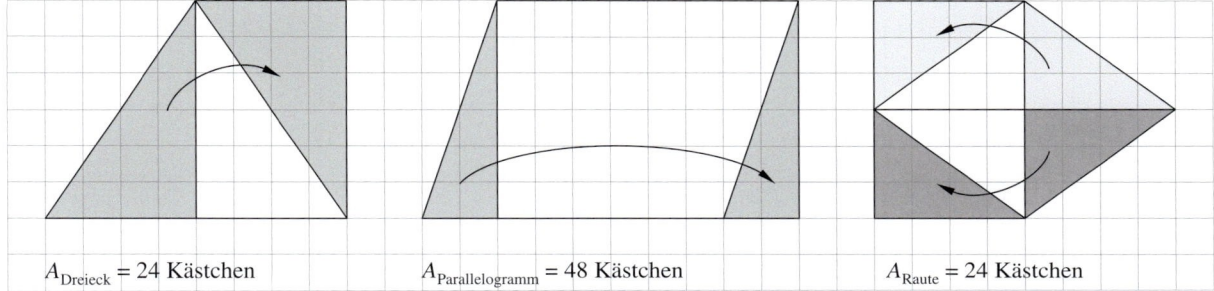

$A_{\text{Dreieck}} = 24$ Kästchen | $A_{\text{Parallelogramm}} = 48$ Kästchen | $A_{\text{Raute}} = 24$ Kästchen

⤾ Je nach Größe der zu messenden Flächen verwendet man unterschiedliche Einheiten. Der Flächeninhalt eines Quadrats mit Seitenlänge 1 cm ist 1 cm². Die Umwandlungszahl zwischen je zwei aufeinanderfolgenden Flächeneinheiten (1 km², 1 ha, 1 a, 1 m², 1 dm², 1 cm², 1 mm²) ist 100.
Beispiel: $1\,\text{km}^2 = 100\,\text{ha} = 10000\,\text{a}$; $1\,\text{a} = 100\,\text{m}^2 = 10\,000\,\text{dm}^2 = 1\,000\,000\,\text{cm}^2 = 100\,000\,000\,\text{mm}^2$

⤾ Flächenmaße kann man in Kommaschreibweise angeben. Das Komma trennt „aufeinanderfolgende Einheiten".
Beispiel: $40\,506\,\text{dm}^2 = 405,06\,\text{m}^2 = 4,0506\,\text{a} = 0,040\,506\,\text{ha}$

⤾ Den Flächeninhalt A von Rechtecken und Quadraten kann man mit Hilfe von Formeln berechnen.
Beispiel: $A_{\text{Rechteck}} = l \cdot b$; $A_{\text{Quadrat}} = s \cdot s = s^2$

Flächenmessung und Flächeninhalt: Oberflächeninhalt von Quader und Würfel

⤾ Die Oberfläche von Quader und Würfel setzt sich aus 6 Rechtecken bzw. Quadraten zusammen, von denen jeweils mindestens zwei denselben Flächeninhalt haben. Den Oberflächeninhalt eines Quaders mit Länge l, Breite b und Höhe h kann man mit verschiedenen Formeln berechnen.

Beispiel:
$$O_{\text{Quader}} = 2 \cdot (l \cdot b + l \cdot h + b \cdot h)$$
$$= 2 \cdot l \cdot b + 2 \cdot l \cdot h + 2 \cdot b \cdot h$$
$$O_{\text{Würfel}} = 6\,s^2$$

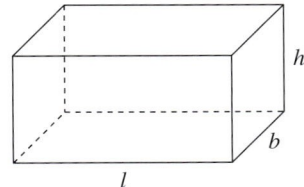

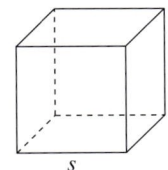

BEISPIEL A – TEIL 1

Thema: Rechnen mit ganzen Zahlen

1 a) Berechne den Wert des Terms.

$3\,780 : [15 \cdot 14 + 4 \cdot (-7) \cdot 10]$

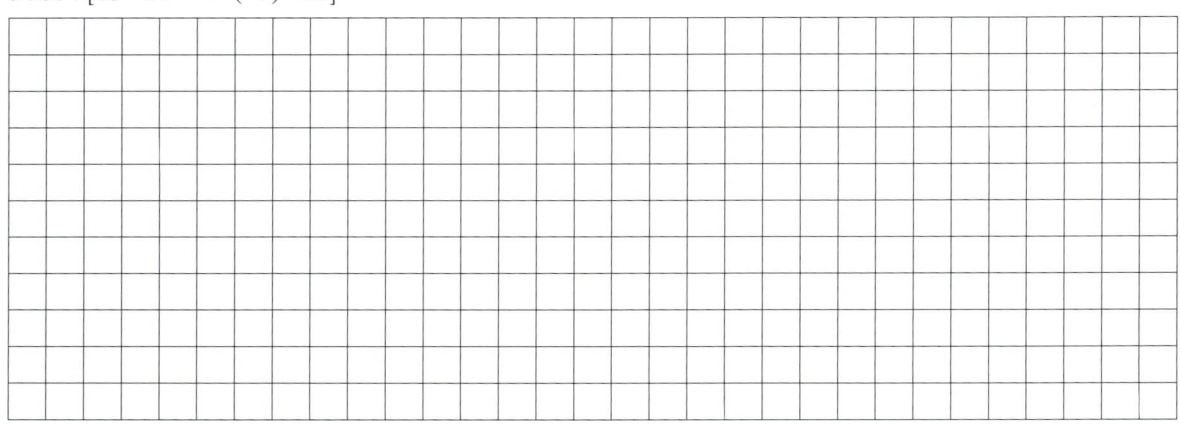

b) Gliedere den Term.

$20\,500 : (-5)^2 + 302 \cdot (-52)$

c) Finde durch eine geeignete Überschlagsrechnung heraus, welches der folgenden Ergebnisse für den Wert des Terms aus Teilaufgabe b) in Frage kommt. Gib deine Überschlagsrechnung an.

A 14 884   B 1 484   C – 1 484   D – 14 884

Thema: Größen in Kommaschreibweise

2 a) Kreuze alle Angaben an, die denselben Wert haben.

A 5 050 g   B 5,5 kg   C 0,0055 t   D 5 kg 500 g   E 5,005 kg

b) Schreibe in der angegebenen Einheit.

1 km 9 cm = _____ m   12 kg 40 g = _____ kg

c) Schreibe in gemischten Einheiten.

18,18 kg = _____

2,00054 km = _____

Thema: Größen addieren und subtrahieren

3 Berechne.

a) 3,4 m − 3,4 cm = _____

_____

b) 2 h 11 min 47 s − 25 min = _____

_____

Thema: Schlussrechnung und Maßstab

4 a) Auf einer Wanderkarte im Maßstab 1 : 120 000 ist ein Wanderweg eingezeichnet,
der in Wirklichkeit 24 km lang ist.
Berechne seine Länge auf der Karte.

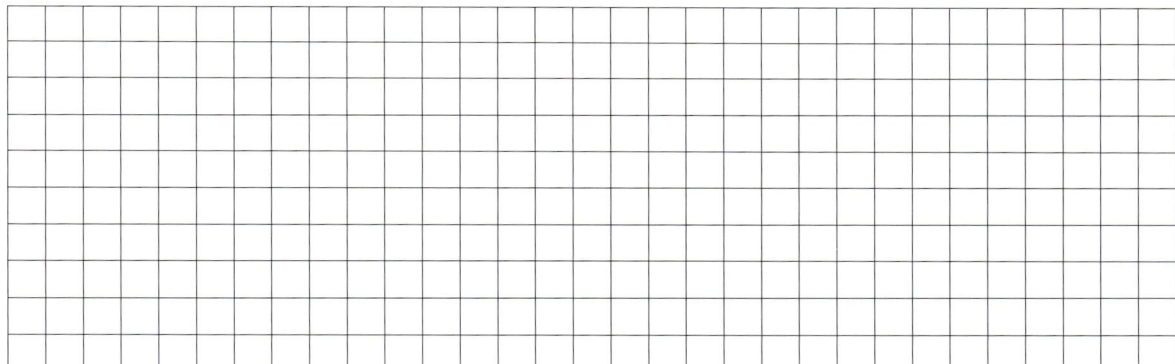

b) Auf einer Karte misst eine 15 km lange Strecke 2,5 cm. Ermittle den Maßstab der Karte.

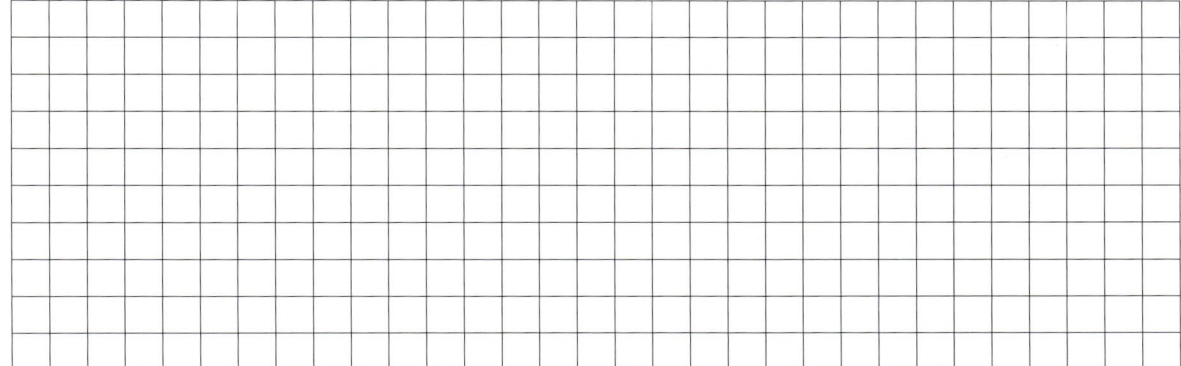

Arbeitszeit: 30 min   Wertung: 4/5/3   2/2/3   3/2   3/3

BEISPIEL A – TEIL 2

Thema: Rechnen mit Größen

1 a) Berechne den Wert des Terms.

4,025 kg : 25 g

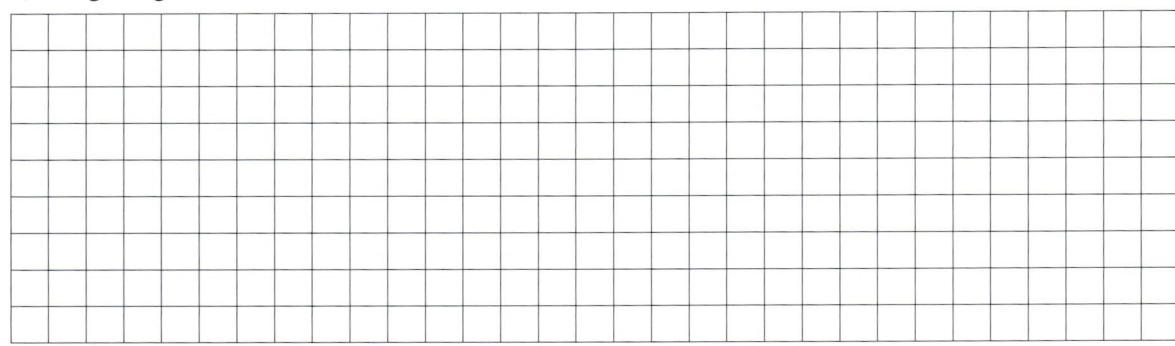

b) Max wohnt in Eichstätt und möchte in den großen Ferien mit seinen Eltern auf dem Donauradweg über Kelheim nach Passau fahren. Die Strecke ist 304,5 km lang.
Seine kleine Schwester schafft an einem Tag nicht mehr als 40 km.
Berechne, wie viele Tage die Familie mindestens unterwegs ist.

_____

_____

Thema: Umfang

2 Eine rechteckige Baugrube ist 4,40 m lang, 5,60 m breit und 2,20 m tief.

a) Berechne den Umfang der Grube.

_____

_____

b) Ermittle die Seitenlänge einer quadratischen Baugrube mit 20 m Umfang.

_____

_____

c) Im Abstand von einem halben Meter wird zur Absicherung der rechteckigen Baugrube ein weiß-rotes Flatterband gespannt. Fertige eine Skizze im Maßstab 1 : 200 an. Berechne die Länge des Bandes.

Thema: Flächenmessung

3 a) Erkläre mit Hilfe einer geeigneten Zeichnung, weshalb die Umwandlungszahl zwischen zwei
aufeinanderfolgenden Flächeneinheiten 100 ist.

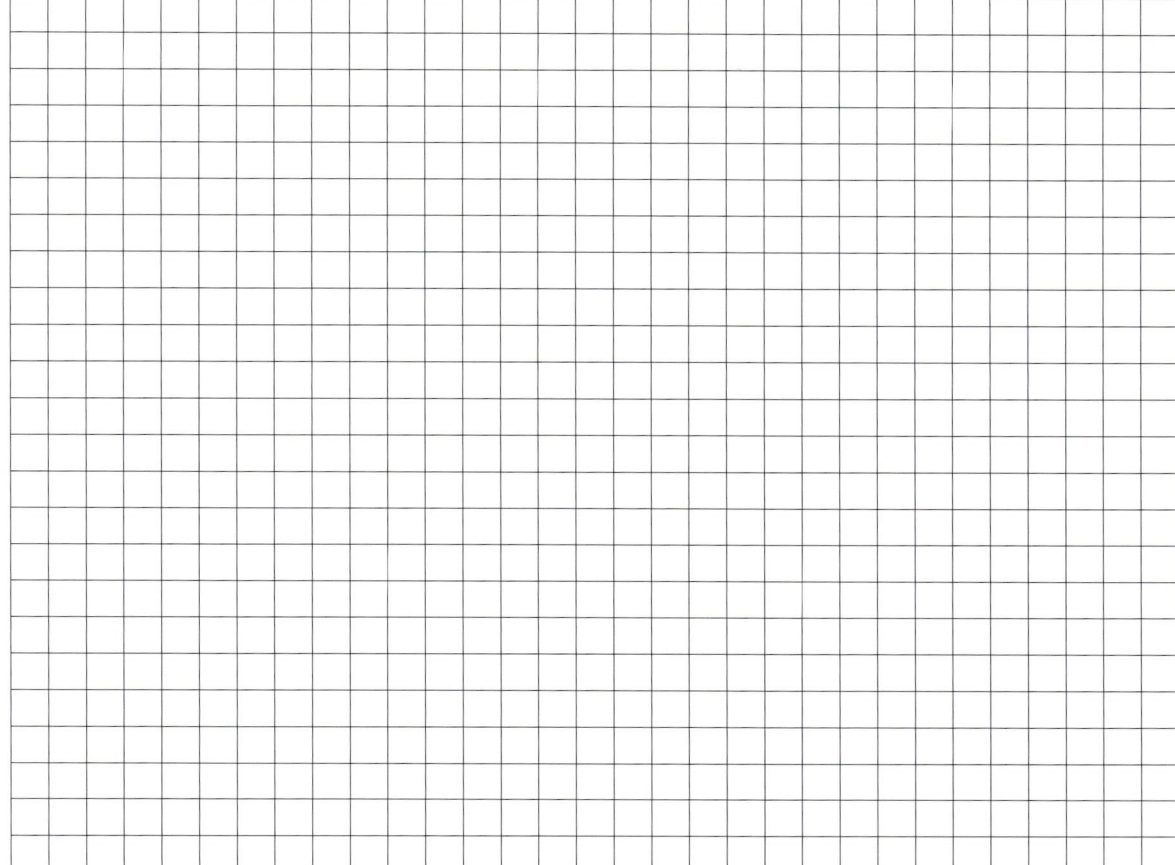

b) Wandle jeweils in die angegebene Einheit um.

2 013 dm² = _____ cm²   20 013 cm² = _____ m²

2 013 cm = _____ m   20 013 dm² = _____ a

Thema: Flächeninhalt

4 Ein Rechteck ist 5 m lang und 8,4 m breit.
Gib die Maße von zwei Rechtecken an, die denselben Flächeninhalt besitzen.

_____

_____

_____

_____

Arbeitszeit: 30 min   Wertung: 3/2   2/2/6   3/5   4

BEISPIEL B

Thema: Rechnen mit ganzen Zahlen

1 Berechne jeweils den Wert des Terms und gib den Termnamen an.

a) $-90 \cdot (-16 + 56) - 68$

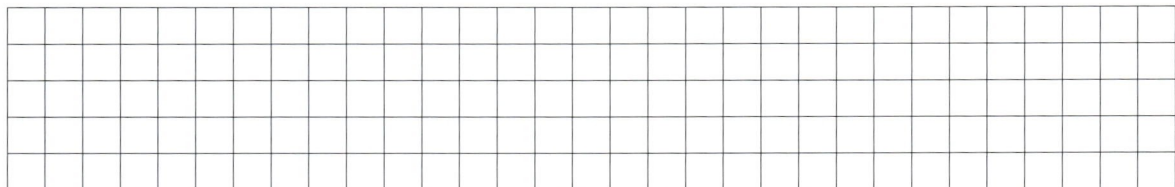

b) $(-4)^2 \cdot [3 + 81 : (-9)]$

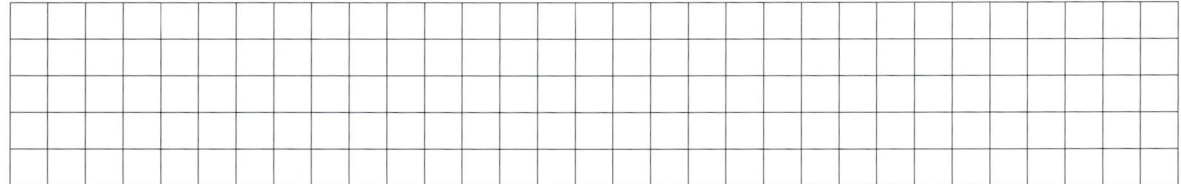

Thema: Rechnen mit Größen

2 Berechne jeweils den Wert des Terms.

a) $13{,}66 \text{ kg} \cdot 1\,000$

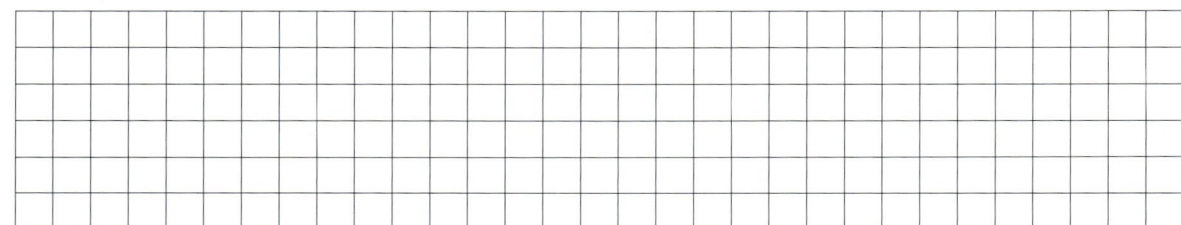

b) $10{,}20 \text{ €} : 0{,}15 \text{ €}$

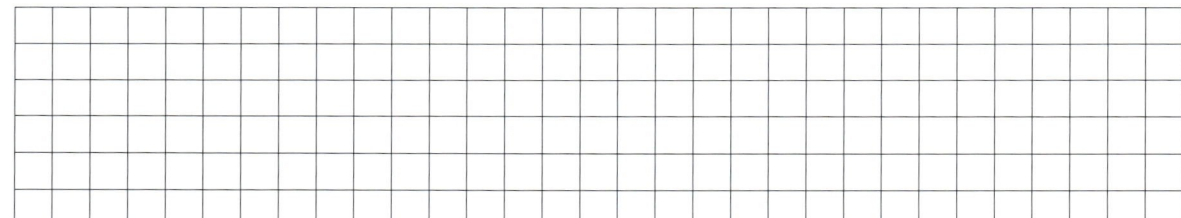

c) $3{,}03 \text{ km} : 4$

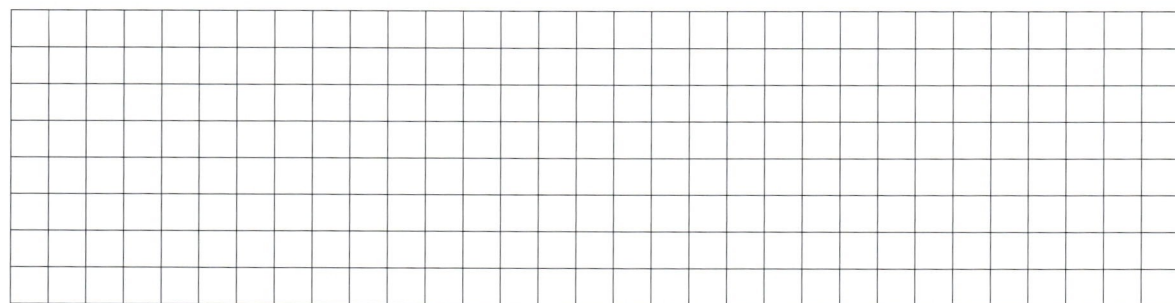

Arbeitszeit: 20 min

Wertung: 5/5   2/3/3

Thema: Umfang und Flächeninhalt

3   Lisa behauptet: „Wenn ich bei einem Rechteck die Länge um einen Zentimeter verkürze und die Breite um einen Zentimeter verlängere, so bleibt der Umfang gleich, der Flächeninhalt wird aber größer."
Sie zeichnet dazu folgendes Bild:

1 cm
1 cm

Julian entgegnet: „Beim Umfang hast du Recht, aber zu deiner Aussage zum Flächeninhalt finde ich auch andere Beispiele."
Überprüfe beide Aussagen von Julian.

_____

_____

_____

_____

Thema: Schlussrechnung und Maßstab

4   Auf einer Straßenkarte im Maßstab 1 : 500 000 sollen im Erdkundeunterricht Entfernungen bestimmt werden.

a)   Hans hat 4 cm 7 mm abgelesen. Wie lang ist die Strecke in Wirklichkeit?

_____

_____

b)   Eine Stadt A ist 202 km von der Stadt B entfernt.
Berechne die Länge der Strecke von A nach B auf dieser Straßenkarte.

_____

_____

_____

c)   Holger hat auf der Karte 6 cm 5 mm gemessen und dazu eine Entfernung von 390 km angegeben.
Prüfe, ob Holger den richtigen Maßstab verwendet hat.

_____

_____

_____

Arbeitszeit: 25 min   Wertung: 6   4/4/4

BEISPIEL C

Thema: Umfang und Maßstab

1 Die Skizze zeigt den Plan einer rechteckigen Baugrube mit umgebendem Bauzaun.

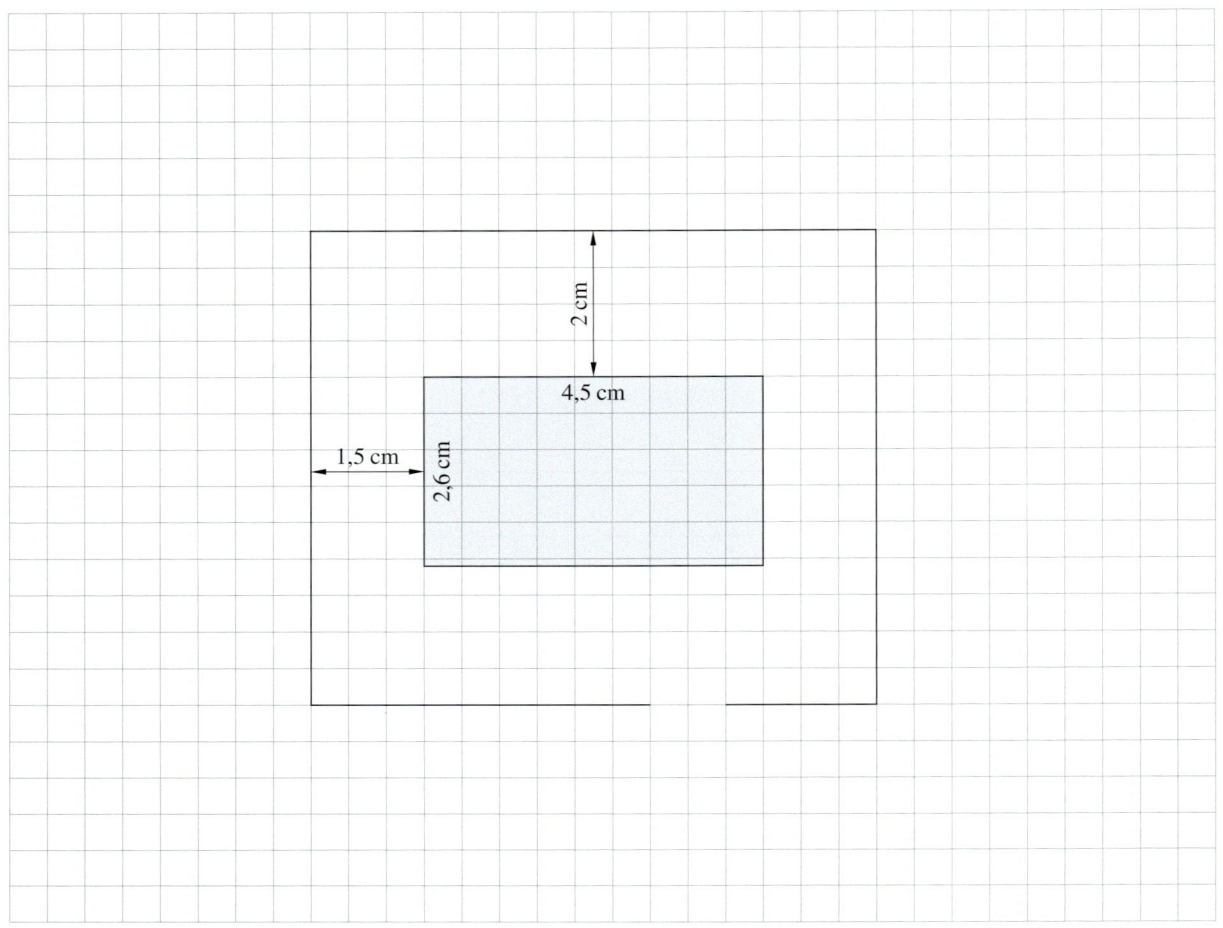

a) In Wirklichkeit ist die Grube 13,5 m lang.
   Ermittle Breite und Umfang der Grube in wahrer Größe.

_____

_____

_____

_____

b) Im Bauzaun muss noch ein drei Meter breites Tor für die Zufahrt von Lastwagen freigehalten werden.
   Es stehen insgesamt 80 m Zaun zur Verfügung. Prüfe, ob das ausreicht.

_____

_____

_____

_____

c) Beschreibe anhand der Skizze zwei verschiedene Möglichkeiten, wie man den Inhalt der Fläche zwischen Zaun und Baugrube bestimmen kann. Formuliere ganze Sätze.

_____

_____

_____

_____

_____

d) Außerhalb des Zauns soll 7,5 m vom rechten oberen Zaunpfosten entfernt ein Warnschild aufgestellt werden. Zeichne alle möglichen Positionen des Schildes ein und beschreibe ihre Lage.

_____

_____

_____

Thema: Rechnen mit ganzen Zahlen

2 Gib den Namen des Terms an und entscheide danach mithilfe einer Überschlagsrechnung, welche Ergebnisse richtig sein können.

Termname: $[42 \cdot (-105) - 8\,040 : (-4)] + (-67) \cdot (-50)$

Überschlagsrechnung: _____

A 9 500　　B 905　　C −950　　D 950

Thema: Rechnen mit Größen

3 a) Schreibe in der angegebenen Einheit.

2 h 17 s = _____ s

3 hl 20 ml = _____ l　　805 030 cm = _____ km

b) Berechne und gib das Ergebnis in Kilogramm an.

0,403 kg − 20,8 g

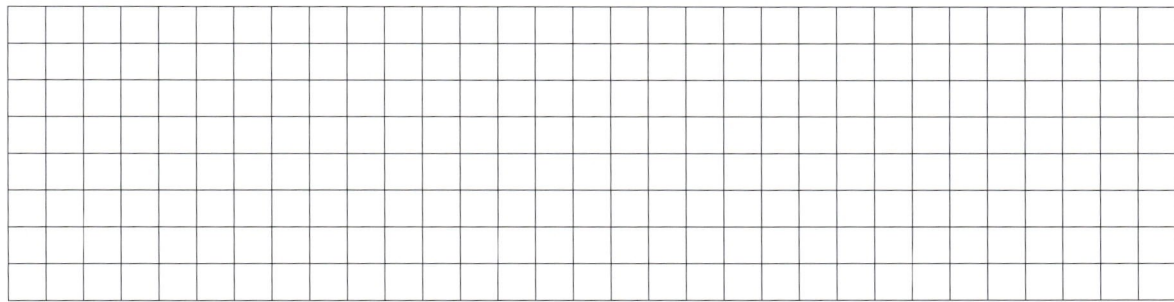

BEISPIEL D

Thema: Rechnen mit ganzen Zahlen

1 a) Formuliere eine Regel zum Multiplizieren von zwei ganzen Zahlen.

b) Berechne mit Hilfe des Distributivgesetzes.

$998 \cdot (-5)$

c) Berechne und gib den Namen des Terms an.

$-306 : 3 - [66 : (-3) + (-1) \cdot (-2)^5] \cdot 2$

d) Erkläre, welche Fehler in der Schülerlösung passiert sind und ermittle das richtige Ergebnis.

$-260 : 13 - 3 \cdot 2 = -260 : 10 \cdot 2 = -260 : 20 = -13$

Thema: Maßstab

2 Hans hat für drei Feinliner im Fachgeschäft 2,25 € bezahlt.
Seine Mutter hat im Supermarkt eine Packung mit fünf Stiften für 3,49 € gesehen.

Berechne, um wie viel Cent fünf einzeln gekaufte Stifte teurer sind als die fünf Stifte in der Packung.

Thema: Größen und ihre Einheiten

3 Wandle jeweils in die angegebene Einheit um.

$3\,h\;13\,min =$ _____ s $2014\,dm =$ _____ km

$10\,705\,dm^2 =$ _____ ha $1\,013\,kg =$ _____ t

Thema: Oberflächeninhalt von Quader und Würfel

4 Ein Quader *ABCDEFGH* ist 4,5 cm lang und 3 cm breit.
Seine Vorderfläche hat einen Flächeninhalt von 27 cm².

a) Berechne die Höhe des Quaders und vervollständige auf dem Beiblatt sein Schrägbild.

b) Zeichne auf dem Beiblatt ein Netz des Quaders im Maßstab 1 : 2.
Berechne den Oberflächeninhalt des Quaders.

c) Hans behauptet: „Der Oberflächeninhalt des Quaders ist viermal so groß wie der Flächeninhalt des im Maßstab 1 : 2 gezeichneten Netzes." Begründe oder widerlege diese Aussage.

d) Cordula hat Netze des Quaders skizziert.
Kreuze auf dem Beiblatt an, wo ihr dabei Fehler passiert sind.

Arbeitszeit: 50 min   Wertung: 3/3/6/4   5   6   6/4/2/3

Beiblatt
zu 4 a)

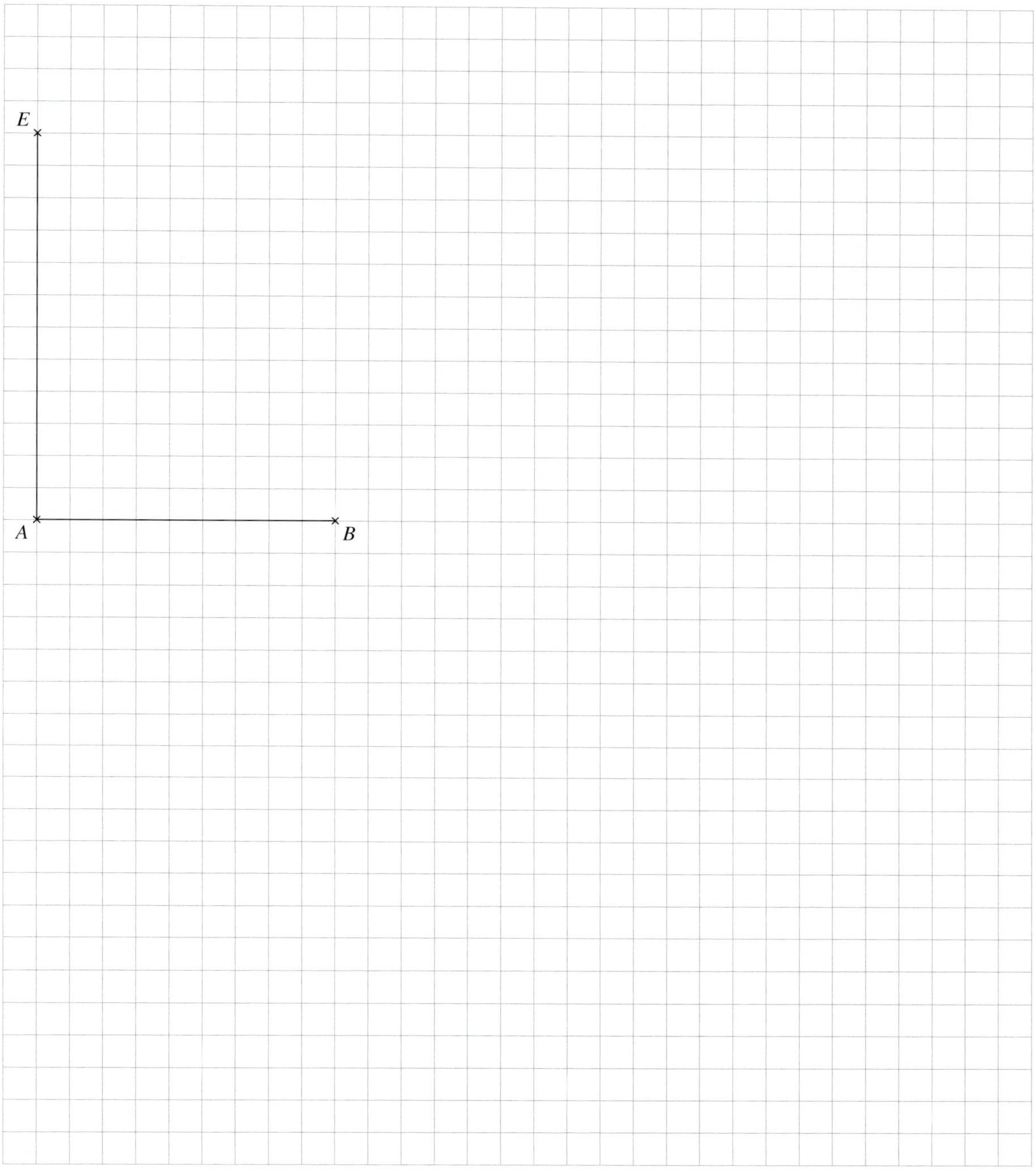

zu 4 d)

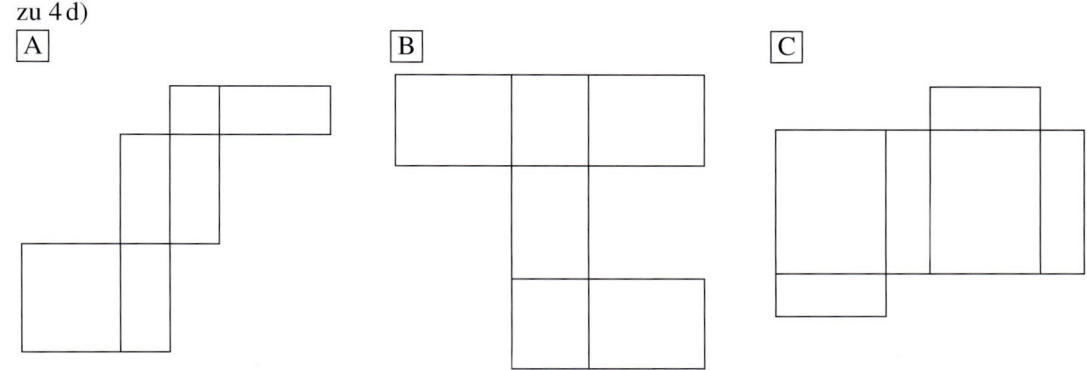

TEST ZUM JAHRESSTOFF

Thema: Schlussrechnung

1 Jochen möchte 150 Kopien seiner Zeichnung anfertigen lassen. Im Copy-Shop A kostet jede Copy 9 ct, im Copy-Shop B jede Kopie 10 ct für die ersten 100 Kopien, jede weitere nur noch 7 ct.

Berechne, wie viel Jochen in jedem der beiden Shops für 150 Kopien bezahlen muss.   2 P

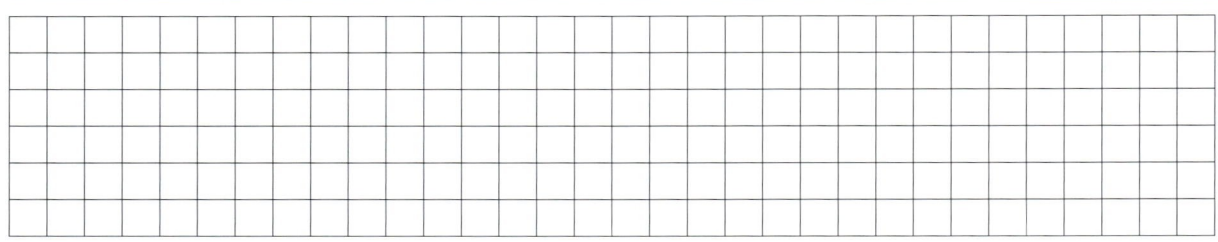

Thema: Primfaktorzerlegung

2 **a)** Zerlege die Zahl 147 in Primfaktoren.   2 P

b) Klara meint: „Von zwei Zahlen ist diejenige die größere, deren Primfaktorzerlegung mehr Primfaktoren enthält."
Gib ein Beispiel dafür an, dass diese Aussage zutrifft, und eines, das Klaras Aussage widerlegt.   2 P

Thema: Ganze Zahlen

3 **a)** Ordne die Zahlen der Größe nach.   1 P

$0;\ -150;\ 75;\ -100;\ 25;\ -50$

b) Was trifft zu? Kreuze an.   2 P

„-3 ist eine ganze Zahl." $\boxed{A}$ wahr $\boxed{B}$ falsch $\boxed{C}$ nicht zu entscheiden

„$-7 + 213$ ist eine negative ganze Zahl." $\boxed{A}$ wahr $\boxed{B}$ falsch $\boxed{C}$ nicht zu entscheiden

„0 ist eine natürliche Zahl." $\boxed{A}$ wahr $\boxed{B}$ falsch $\boxed{C}$ nicht zu entscheiden

„1 ist die kleinste natürliche Zahl." $\boxed{A}$ wahr $\boxed{B}$ falsch $\boxed{C}$ nicht zu entscheiden

c) Berechne.   2 P

$2^4 + (-3)^3 \cdot 5$

Thema: Systematisches Zählen

4 a) Wie viele vierstellige Zahlen gibt es, die gerade sind,
       mit 25 beginnen und lauter verschiedene Ziffern besitzen.   1 P

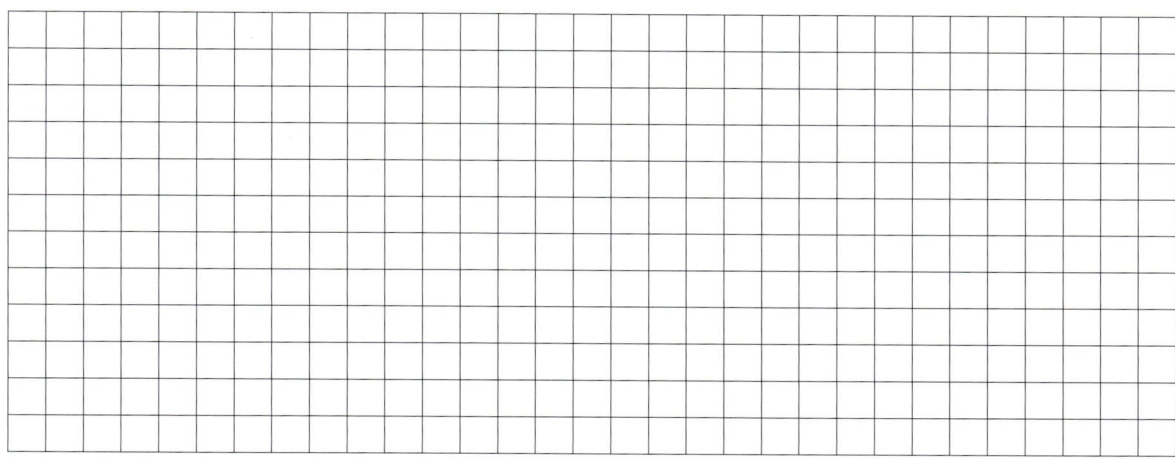

b) Wie viele dreistellige Zahlen kann man aus den Ziffern 0, 3, 4, 5, 6, 7 bilden,
    wenn sie nicht mit 34 beginnen sollen?
    Kreuze an.   1 P

    A $6^3 - 6$ B $4 \cdot 4 \cdot 6$ C $5 \cdot 36 - 6$ D $5 \cdot 6^2 - 5$

Thema: Rechnen mit Größen, Maßstab

5 a) Berechne.   2 P

       $1\,m^2 + 52\,dm^2 - 620\,cm^2 =$ _____ cm^2

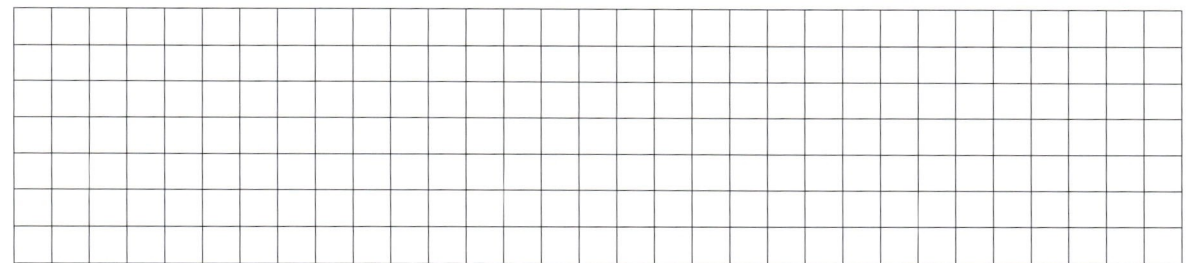

b) Berechne, wie lang eine Strecke von 85 mm Länge auf einer Karte im Maßstab 1 : 50 000
    in Wirklichkeit ist.   1 P

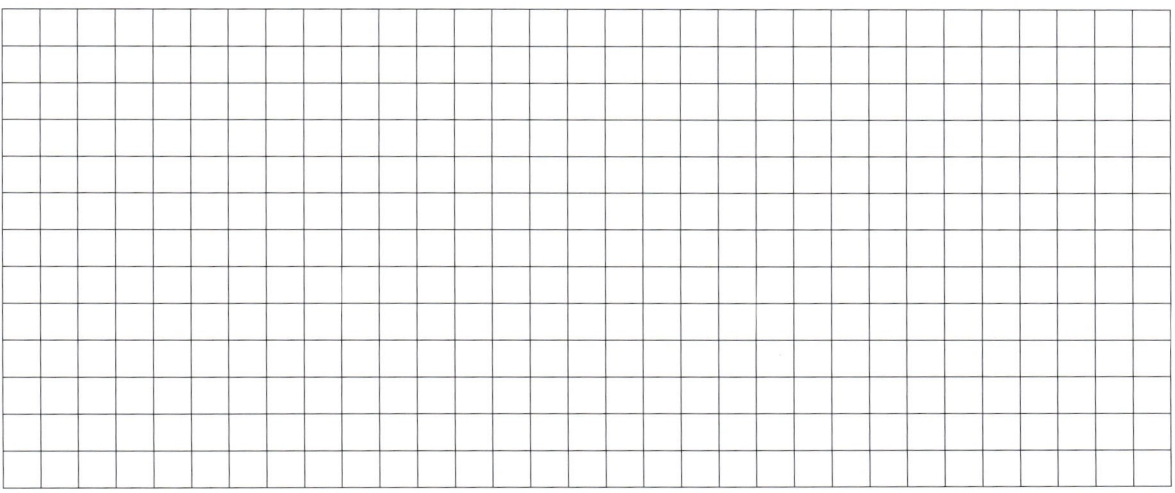

Thema: Geometrische Grundkenntnisse

6   Ergänze die Figur zu einem Rechteck *ABCD*.
    Gib den Abstand der Ecke *C* von der gegenüberliegenden Diagonalen *BD* an.   2 P

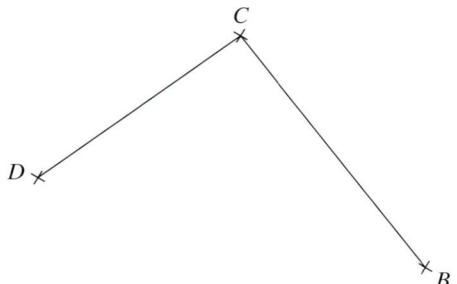

Thema: Flächeninhalt, Umfang und Viereck

7   Entscheide jeweils, ob die Aussage immer, manchmal oder nie zutrifft.
    Kreuze an und belege deine Aussage.   3 P

    a) „Verdoppelt man die Seitenlänge eines Quadrats, so verdoppelt sich der Flächeninhalt."

        A immer   B manchmal   C nie

    b) „Verdoppelt man die Länge eines Rechtecks, so verdoppelt sich der Umfang."

        A immer   B manchmal   C nie

    c) „Ein Trapez mit einem rechten Winkel ist ein Rechteck."

        A immer   B manchmal   C nie